配网自动化设备
典型应用案例

曹岑 胡新雨 秦勇 主编●

U0211750

哈尔滨工业大学出版社
HARBIN INSTITUTE OF TECHNOLOGY PRESS

内 容 简 介

随着配网自动化的快速发展,配网自动化设备不断覆盖,高效应用配网自动化设备是使配网实现高可靠性供电的有力保障。

全书共6章,主要围绕"配网自动化典型设备应用"这一主题,总结、分享了近年来某区县公司配网自动化设备应用方面的实践经验,特别在配网自动化设备实用化应用初期的运维、管控等方面做了重点阐述和案例分享。

本书力求从配网自动化现场实际应用出发,对配网自动化的实用化应用的学习提供切实的指导和帮助。本书可供配网自动化运维技术人员及管理者学习使用,也可以供相关专业技术人员阅读参考。

图书在版编目(CIP)数据

配网自动化设备典型应用案例/曹岑,胡新雨,秦勇主编. —哈尔滨:哈尔滨工业大学出版社,2024.7
ISBN 978 - 7 - 5767 - 1085 - 4

Ⅰ.①配… Ⅱ.①曹… ②胡… ③秦… Ⅲ.①配电系统-自动化设备 Ⅳ.①TM727

中国国家版本馆 CIP 数据核字(2023)第 199971 号

策划编辑 张 荣
责任编辑 王会丽
出版发行 哈尔滨工业大学出版社
社 址 哈尔滨市南岗区复华四道街 10 号 邮编 150006
传 真 0451 - 86414749
网 址 http://hitpress.hit.edu.cn
印 刷 河北朗祥印刷有限责任公司
开 本 720 mm×1 000 mm 1/16 印张 7.75 字数 129 千字
版 次 2024 年 7 月第 1 版 2024 年 7 月第 1 次印刷
书 号 ISBN 978 - 7 - 5767 - 1085 - 4
定 价 58.00 元

(如因印装质量问题影响阅读,我社负责调换)

《配网自动化设备典型应用案例》
编　委　会

主　编：曹　岑　胡新雨　秦　勇
副主编：郭　鹏　薛　康　缪　翔
　　　　夏文强
编　委：朱　圆　嵇　飞　居鹏程
　　　　封　丹　秦钰涵

前　　言

配网自动化是指以配网一次网架和设备为基础,综合利用计算机、信息及通信等技术,并通过与相关应用系统的信息进行集成,实现对配网的监测、控制和快速故障隔离,为配网管理系统提供实时数据支撑。

随着配网自动化的快速发展,配网自动化设备不断覆盖,高效应用配网自动化设备是使配网实现高可靠性供电的有力保障。

近年来,全国各地均已开始逐步应用配网自动化技术,但大部分场景下都没有发挥其应有的作用。本书基于配网自动化设备相关技术应用成果,结合初期应用阶段所取得的成果,重点阐述了配网自动化设备在故障定位、隔离及供电恢复方面的实际应用。全书共 6 章,主要围绕"配网自动化典型设备应用"这一主题,总结、分享了近年来某区县公司配网自动化设备应用方面的实践经验,特别在配网自动化设备实用化应用初期的运维、管控等方面做了重点阐述和案例分享。

许多朋友同行也对本书的编写工作提供了宝贵意见,在这里致以诚挚的感谢!

本书力求从配网自动化现场实际应用出发,对配网自动化的实用化应用的学习提供切实的指导和帮助。本书可供配网自动化运维技术人员及管理者学习使用,也可以供相关专业技术人员阅读参考。

由于编者水平有限,本书难免存在不足或疏漏之处,恳请广大读者批评指正。

编　者
2024 年 5 月

目 录

第 1 章　配网自动化概述

随着社会经济的高速发展,电能在人们日常生产和生活中的地位日益突出,配网系统作为电力系统面向用户供电的最后一个环节,对社会经济活动有着十分重要的影响。近年来,我国工业用电和居民用电总量逐年增加,越来越多的电力用户开始注重电能质量和供电的可靠性,对配网系统运行管理水平也提出了更高的要求。配网自动化作为一种高效的配网控制技术,可以实时监测配网运行状态,快速定位并隔离配网线路中的故障点,缩小故障的影响范围,减少停电时间,降低用户损失,进一步优化电力资源的配置,提高整个配网的管理水平。

1.1　配网自动化的定义及整体结构

1.1.1　配网自动化的定义

配网自动化是指以配网一次网架和设备为基础,综合利用计算机、信息及通信等技术,并通过与相关应用系统的信息进行集成,实现对配网的监测、控制和快速故障隔离,为配网管理系统提供实时数据支撑。

配网自动化系统是实现配网运行监视和控制的自动化系统,具备数据采集与监视控制(SCADA)、故障处理、分析应用及与相关应用系统互联等功能,主要由配网自动化(子站)、配网自动化终端和通信网络等部分组成。配网自动化系统以配网调控和配网运维检修为应用主体,满足配网运维管理、抢修管理和调度监控等功能应用需求,以及配网相关的其他业务协同需求,提升配网精益化管理水平。

配网作为输配电系统的最后一个环节,其实现自动化的程度与供用电的质量和可靠性密切相关。配网自动化是提高供电可靠性和供电质量、增强供电能力、实现配网高效经济运行的重要方法,也是实现智能电网的重要基础之一。

1.1.2　配网自动化的整体结构

传统配网自动化侧重于生产控制大区相关功能的实现,实时性和信息安全等级要求高,但在使用过程中,信息提取操作复杂,不同来源信息难以融合、人机交互不协调等问题逐渐突出。另外,随着社会经济和电网规模的发展,对配网自动化提出了更高的要求,需建设新一代配网自动化系统。

配网自动化系统主要设计思想包括以下 4 个方面。

(1)具备横跨生产控制大区和管理信息大区一体化支撑能力,满足配网的运行监控与运行状态管控需求,支持地县一体化结构。

(2)基于信息交换总线,实现与多系统数据共享,具备对外交互图模数据、实时数据和历史数据的功能。

(3)支撑各级数据纵、横向贯通及分层应用。

(4)系统信息安全防护符合国家发展和改革委员会 2014 年第 14 号令《电力监控系统安全防护规定》,遵循合规性、体系化和风险管理原则,符合安全分区、横向隔离、纵向认证的安全策略。

1.2　配网自动化应用现状及存在问题

1.2.1　国外配网自动化应用现状

国外对配网自动化系统的研究较早,其配网自动化常被称为馈线自动化(FA),原因在于普遍采用的配网管理系统和配网自动化主要面对中低压电力系统。

日本在研究初期对就地控制方式和配电线开关的远方监视装置进行了开发,进而研究依靠配电设备及继电保护进行配网运行自动化的方法,并于 20 世纪 80 年代开始进行大面积自动化建设。日本配网自动化系统十分注重新技术和实用性的结合,目前,其所有变电站都能够进行远程监控,馈线开关已全部达到自动化水平。

美国配网线路结构呈放射性分布,为达到提高供电可靠性、缩短停电时长、提升客户满意度的目的,美国配网线路建设中多采用智能化重合器与分段器相配合的方式,各级重合器之间利用重合次数及动作电流定值的不同,结合安装在无人变电站的通信检测装置,对变电站进行远程监测及实时监控。

进入 21 世纪后,配网自动化成为世界各大电力公司配网管理中不可缺少的组成部分和发展领域。

1.2.2　国内配网自动化应用现状

进入 21 世纪后,我国配网的改造与建设范围增大,很多省和直辖市等纷纷开始试点应用配网自动化技术,并取得了较大的进展。近些年,很多的科研企业和制造厂家致力于集成技术的研究,开发出了各种自动化配网系统的一、二次设备和应用软件,很多地区的电网公司都在不同层次和规模上进行了试点应用。

因各地的经济水平和对配网自动化的认识不一样,所以各地在自动化建设方面的投入也千差万别。总体来说,我国大多数城市都在逐步提升电缆改造率,结合每年电网建设改造,网架越来越合理,同时在改造中为自动化改造预留了接口,方便以后的配网自动化建设。社会经济的发展对供电质量的要求越来越高,各个企业和科研部门也随之研发了大量配网自动化技术,能够满足各种情况下的建设需求。各地供电企业也根据自身的需求制定了建设方案并进行了试点建设,为配网自动化系统的全面建设提供了先进经验,也奠定了基础。

1.2.3　国内配网自动化当前存在的不足

(1)系统功能定位与实际需求有一定差距。

目前,国内各个地区开始基于地理信息开发配电生产管理系统及营销系统,用来替代原有营销、生产系统的管理功能。配网自动化也开始向具有配电管理系统、地理信息系统等较完备的配网自动化实时监控及供电企业管理系统过渡。虽然我国配网已经有部分规范,但因为我国各地配网情况的复杂性,这些规范还需进一步完善,以免影响配网自动化系统的实用化运行。此外,有些地区的主站系统功能繁杂,很多功能无法增加配网的可靠性,也不能提高工作效率。

(2)设备运行环境恶劣,维护成本高。

配网终端基本都运行在户外环境,高温、雷雨、台风等恶劣天气会导致终端受损概率大大增加,电子元件及电源部分故障率高。随着配网终端的发展,设备集成度越来越高,造成终端受损后维修困难,大量增加了运行维护成本。

（3）建设和维护均存在不足。

部分地区系统建设的质量、效益需进一步提高。建设过程中相关部门需进一步参与其中，各部门环节之间需进一步协调。配网自动化设备量大、范围广、巡视线路长、对工作人员的技术水平要求高，需增加技术型运行维护人员。

1.3　配网自动化相关设备

配网自动化终端是安装在配网上的各类远方监测和控制单元的总称，可完成数据采集、控制、通信等功能。按照安装站点分类，可分为馈线终端（feeder terminal unit，FTU）、站所终端（distribution terminal unit，DTU）、单相接地装置等类型；按照功能分类，可分为"三遥"（遥信、遥测、遥控）终端和"二遥"（遥信、遥测）终端等类型；按照通信方式分类，可分为有线通信方式终端和无线通信方式终端等类型。下面主要介绍按照安装站点分类的几种类型。

1.3.1　配网自动化 FTU[①]

（1）设备基本情况概述。

整机型号：HLD-ZW32-12JG01/630-20。

FTU 型号：HLD-FTU30-10-01。

配网自动化 FTU 产品整机外形如图 1.1 所示，FTU 外形如图 1.2 所示。

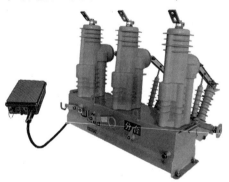

图 1.1　配网自动化 FTU 产品整机外形

---

① 本书案例中所列举配网自动化终端的相关技术参数均已获授权。

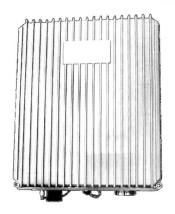

图 1.2　FTU 外形

FTU 是安装在配网馈线回路的柱上开关等处并具有遥信、遥测、遥控和馈线自动化功能的配网自动化终端。

FTU 具备智能型就地馈线自动化功能,具备双向电量采集功能,可实现线损数据自动采集,不依赖主站分析和通信,通过短路/接地故障检测和分级保护等技术,自适应多分支、多联络配网网架,实现线路故障选择性保护,短路和单相接地故障迅速定位并就地自动隔离,不影响非故障区域供电,可以大幅提升供电可靠性,实现配网架空线路的智能感知和边缘计算。FTU 支持无线公网专网合一(4G/3G/2G 五模自适应、专网 4G)、LTE1.8G 通信频道等多种通信方式,也可选配北斗、5G、有线光纤等通信方式,适应配网的各种应用环境及条件,满足更高级的馈线自动化应用需求。

(2)设备结构及特点。

在一、二次融合成套设备中,配网自动化 FTU 与柱上开关本体(户外真空断路器)通过一根 26 芯航空控制电缆连接,组成一、二次融合智能柱上开关。

①设备结构。

a.密封箱式 FTU 采用压铸铝材质,箱壳平均厚度应保证不小于 3.0 mm,具备防尘、防雨、防腐蚀及防凝露能力,总体防护等级不低于 GB/T 4028—2013《计时仪器的检验位置标记》规定的 IP67 要求。

b.FTU 机箱内部组件包括 FTU 主板、通信模块、线损采集模块、保护模块、电源模块、后备电源等。

c.终端结构设计有便于杆/塔挂装固定的专用挂钩件。

d.终端外接端口采用航空插头。

②设备特点。

a. 可靠的选择性保护。通过开关内置的高精度传感器和 FTU 内置保护控制逻辑相配合,判断短路、接地故障类型,并对故障进行快速自动定位、就地隔离, 相间故障整组固有动作时间不大于 35 ms。同时利用高精度时间元件的保护之间级差的配合,有效地防止越级跳闸,保证自动隔离出最小的故障区域,有效解决架空线路保护选择性跳闸难题。

b. 具备就地式单相接地故障诊断功能。不依赖通信和主站分析,采用高精度、高密度的暂态与稳态特征进行综合研判,并运用边缘计算技术,实现线路短路/接地故障的就地研判,并能对高阻接地进行准确判断,适用于中性点不接地、中性点通过消弧线圈接地等多种小电流接地系统。

c. 具备集中型馈线自动化与就地型馈线自动化切换功能;具备相间过流告警和零序过流告警,并且将事件上送主站功能;具备小电流接地告警和上报功能。

d. 科学的定值管理。具备就地、远方保护定值设置功能,在带电作业或特殊情况下,可远方或就地投退重合闸、保护功能。并可形成科学的配网定值系统管理,极大地提高工作效率和质量。

e. 定值自动匹配。具备至少正反两套保护定值区域设定功能,当供电方式改变时,自动匹配反向保护定值,并以事件记录(含切换前后的保护定值)上报给主站。

f. 具备双侧(电源侧和负荷侧)电压采样功能。其中,进线侧为 A、B、C 三相采样,出线侧为二相采样。

g. 采用超低功耗设计。FTU 整机平均功耗(含无线通信模块和线损采集模块)不大于 1.2 W,遥测信号采集范围和精度高。

(3)关键技术参数。

FTU 关键技术参数见表 1.1。

表 1.1　FTU 关键技术参数

序号	参数名称	参数值
1	电压输入标称值/V	$3.25/\sqrt{3}$
2	电流输入标称值/V	1
3	电压测量精度	0.5 级

续表 1.1

序号	参数名称		参数值
4	电流测量精度		0.5S 级
5	有功功率、无功功率精度		1 级
6	交流电流回路过载能力		$1.2I_n$,连续工作;$20I_n$,1 s
7	交流电压回路过载能力		$1.2U_n$,连续工作
8	守时精度		每 24 h 误差±2 s
9	遥控	触点容量	DC24 V/10 A 纯电阻负载
		触点寿命	通、断≥10^5 次
10	通信协议		DL/T634 标准的 101、104 通信规约
11	整机功耗(4G/以太网通信模式)		≤1.2(含无线通信模块和线损采集模块)
12	后备电源方式		磷酸铁锂电池
13	IP 防护等级		IP67
14	平均无故障工作时间/h		≥50 000
15	接口方式		航空插头

FTU 主要功能如下。

①四遥功能。

遥测:实时监测线路电压、电流、功率、功率因数等运行数据。

遥信:实时上传开关状态,包括开关分合闸状态、远方/就地储能状态、保护硬压板投退状态等。

遥控:接收并执行主站遥控分合闸操作。具备防远方误合闸的联动控制功能,手动分闸自动闭锁远方遥控,以避免误送电造成伤害。

遥调:通过主站对断路器保护定值进行远程设置、整定。

②线损采集功能。具备电能量计算功能,包括正反向有功电量和四象限无功电量、功率因数等。

③保护功能。

a.过流保护。

b.速断保护。

c.单相接地保护。

d.过压保护。

e.励磁涌流保护。

f.高低频保护。

g.瞬时故障重合闸。

h.永久故障重合闸后加速分闸。

④故障录波功能。启动条件包括过流故障、线路失压、零序电压、零序电流突变等,录波内容包括故障发生时刻前不少于4个周波和故障发生时刻后不少于8个周波的波形数据,录波点数不少于80点/周波,录波数据包含电压、电流、开关位置等。

⑤重合闸功能。线路发生短路故障后开关保护分闸,按设定时间重合闸一次,如果是永久性故障则启动后加速分闸隔离故障,如果是瞬时故障则保持开关合闸,减少大量因瞬时性故障而造成的停电,提高供电可靠性;为保证现场操作的安全性和便利性,在控制终端和开关本体上都设计了控制重合闸功能投入和退出的开关和手柄。

⑥馈线自动化功能。就地型FA、主站集中型FA、自适应综合型FA。

⑦定值管理功能。远方重合闸投退、远方保护投退、远方定值设置、形成定值档案、预留定值管理功能接口。

⑧安全防护功能。馈线终端内嵌安全芯片实现信息安全防护功能,包括双向身份认证、遥控、参数配置等的签名验证和数据加密保护。符合国家标准、国家发展和改革委员会、国家能源局及电网相关部门规定的安全防护要求。

⑨数据通信功能。终端支持包括有线和无线的多种通信方式,支持101、104规约等常用规约。

⑩电源管理功能。实时监测工作电源、后备电源无缝切换、后备电源状态监测。

1.3.2　配网自动化DTU

(1)设备基本情况概述。

整机型号:HWX-12。

DTU 型号：D30(HLD-DFG01)。

配网自动化 DTU 产品整机外形如图 1.3 所示，DTU(间隔单元)外形如图 1.4 所示。

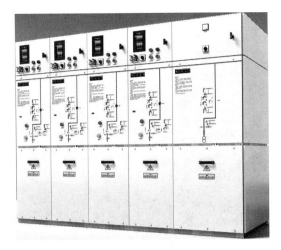

图 1.3　配网自动化 DTU 产品整机外形

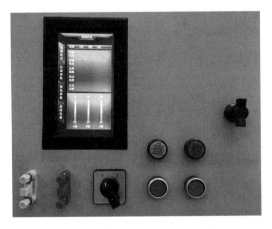

图 1.4　DTU(间隔单元)外形

配网自动化 DTU 安装在配网馈线回路的开关站、配电室、环网柜、箱式变电站等处，是具有遥信、遥测、遥控和馈线自动化功能的配网自动化终端。

考虑到传统 DTU 存在整体结构复杂、二次接口不统一、抗凝露能力弱等问题，本书提出了分散式站所终端(以下简称分散式 DTU)，分散式 DTU 由若干个间隔单元和公共单元共同组成。间隔单元安装于各间隔柜内，可实现其对应间隔的遥信、遥测、遥控、线损数据采集等功能;公共单元安装在电压互感器(PT)柜内,可汇集各间隔单元采集的遥信、遥测信息,并上传至配网自动化主站,将遥控命令转发至相应间隔单元执行,同时公共单元还具备供电功能,向每个间隔单元提供供电电源。图1.5所示为DTU(公共单元)外形。

图1.5　DTU(公共单元)外形

(2)设备结构及特点。

①设备结构。

分散式DTU由若干个间隔单元和公共单元组成:间隔单元安装在间隔柜内,公共单元安装在PT柜内,无须增加DTU空间,每个间隔保护独立配置,可独立运行,互不影响。分散式DTU整体结构分布如图1.6所示。

②设备特点。

a. 小型化、集成化。间隔单元和公共单元采用小型模块化结构,便于批量生产和批量测试,并且在原有方案基础上取消公共单元柜,将其融合在PT柜中,节省了宝贵的占地空间。

b. 安装简易化。分散式站所终端采用统一且易插拔的接口,全航插对接,无外露端子排,适合安装和更换。

c. 即插即用。分散式站所终端设计满足即插即用的需求,易于运维。

d. 独立性。每个间隔的保护和故障录波功能单独实现,可独立运行,互不影响。

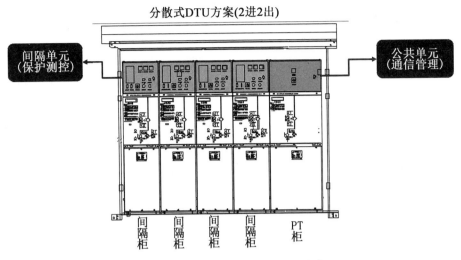

图 1.6　分散式 DTU 整体结构分布

e.可拓展。预留接口,保证后期差动保护功能的实现和完善。

f.就地馈线自动化功能。具备相间短路故障检测、判断与录波功能;支持上送相间短路故障事件,故障事件包括故障遥信信息及故障发生时刻开关电压、电流值;支持录波数据循环存储并上传至主站。完整的相间故障切除时间(配电终端故障研判和开关动作及灭弧室熄弧时间)不大于 60 ms。

(3)关键技术参数。

DTU 关键技术参数见表 1.2。

表 1.2　DTU 关键技术参数

序号	名称		参数值
1	环境条件	最低温度/℃	−40
		最高温度/℃	+70
		相对湿度/%	10~100
		最大绝对湿度/(g·m⁻³)	35
2	间隔单元	模拟量输入标称值　相电压/V	3.25/$\sqrt{3}$
		相电流/V	1
		触摸屏幕	工业级 7 in(1 in=2.54 cm)彩色触屏作为人机界面
		工作电源	DC24

续表1.2

序号	名称		参数值
2	间隔单元	开关测控容量	(1)容量配置:1回路。 (2)遥测:每台采集三相电压和零序电压;每回路采集三相电流、零序电流。零序电压和零序电流可以合成。 (3)遥信:每回路配置遥信量不少于7个,包括开关合位、开关分位、地刀位置、开关储能、远方/就地、隔离开关位置等。 (4)遥控:每回路配置遥控量至少两个(分闸/合闸控出)
		电压测量精度	相电压0.5级, 零序电压0.5级
		电流测量精度	相测量值0.5级($\leqslant 1.2I_n$), 相保护值$\leqslant 3\%$($\leqslant 10I_n$), 零序电流0.5级
		有功功率、 无功功率精度	1级
		功率因数精度	0.01
		电能量精度	有功0.5S,无功2级
		遥信电源/V	DC24
		遥信分辨率/ms	$\leqslant 5$
		软件防抖动时间	10~1 000 ms可设
		交流电流回路过载能力	$1.2I_n$,连续工作;$20I_n$,1 s
		交流电压回路过载能力	$1.2U_n$,连续工作;$2U_n$,1 s
		整机功耗/W	$\leqslant 5$(触摸屏处于待机状态,含线损模块)
		安装方式	安装于进出线间隔仪表室
		尺寸及颜色/mm	不大于高(300)×宽(220)×深(150),颜色为RAL7001

续表 1.2

序号	名称		参数值
3	公共单元	支持的间隔单元的数量	(1) 可同时汇集≥6 个间隔的间隔单元采集的遥信、遥测信息，按照转发点表上传遥信、遥测信息至配网自动化主站，将遥控命令转发至相应间隔单元执行； (2) 满足≥6 个间隔的间隔单元 24 V 供电功能
		通信协议	(1) 满足 DL/T 634 标准的 101 或 104 通信规约； (2) 满足国家电网公司最新的配网自动化系统应用 DL/T 634.5101—2002 实施细则、配网自动化系统应用 DL/T 634.5104—2009 实施细则； (3) 满足国家电网公司最新的配网自动化终端参数配置规范
		通信制式	支持 4G/3G/2G 五模自适应 TD - LTE/LTE - FDD/TD-SCDMA/WCDMA/GSM
		通信接口	(1) 至少 3 路 RS232/485 串行接口； (2) 1 200 bit/s、2 400 bit/s、9 600 bit/s、115 200 bit/s、1 Mbit/s、自定义； (3) 2 个 10 M/100 M 全双工以太网接口
		通信基本功能	端口数据监视功能、网络中断自动重连功能等
		安全功能	基于内嵌安全芯片实现的信息安全防护功能
		安装方式	独立安装于 PT 柜内
		整机功耗	正常运行直流功耗 ≤10 W(含通信模块)
4	配套电源	电源管理模块要求	长期稳定输出≥80 W， 瞬时输出≥500 W， 持续时间≥15 s

序号	名称		单位	参数值
4	配套电源	电源输出	/	额定 DC24 V, 稳态负载能力≥24 V/80 W, 瞬时输出≥24 V/500 W, 持续时间≥15 s
5	后备电源方式		/	磷酸铁锂电池容量不小于 600 W·h,使用寿命≥8 年,维持间隔单元及公共单元至少运行 4 h,并保证完成"分-合-分"操作

DTU 主要功能如下。

①三遥功能。

遥测:实时监测线路电压、电流、功率、功率因数等运行数据。

遥信:实时上传开关状态,包括开关分合闸状态、远方/就地储能状态、保护投退状态等。

遥控:接收并执行主站遥控分合闸操作。

②线损采集功能。具备电能量计算功能,包括正反向有功电量和四象限无功电量、功率因数等。

③保护功能。

a. 过流保护。

b. 速断保护。

c. 单相接地保护。

d. 励磁涌流保护。

e. 电压越限告警。

f. 负荷越限告警。

④馈线自动化功能。具备主站集中式自动化和就地型馈线自动化功能。

⑤故障录波功能。启动条件包括过流故障、线路失压、零序电压、零序电流突变等,录波内容包括故障发生时刻前不少于 4 个周波和故障发生时刻后不少于 8 个周波的波形数据,录波点数不少于 80 点/周波,录波数据包含电压、电流、开关位置等。

⑥温度告警功能。可检测电缆终端(三相)温度,通过无线上传至间隔单元。

⑦加热除湿功能。具备电缆室加热除湿、仪表室冷凝除湿功能,保证设备全方位防凝露可靠运行。

1.3.3 单相接地装置

(1)设备基本情况概述。

型号:HLD-JDZD-01。

单相接地装置产品外形如图 1.7 所示。

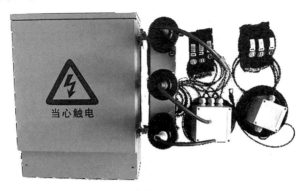

图 1.7 单相接地装置产品外形

单相接地装置适用于 10 kV 电缆线路,安装于开闭所、环网柜等配网设施中,具备短路、接地故障研判、电量数据自动采集、核相、电缆接头温度监测告警等功能,可实现配网电缆线路故障研判和告警定位。其不仅提高了抢修人员的效率,减轻了一线操作人员的工作量,同时也解决了配网电缆线路单相接地故障区域查找的难题,在提高了供电可靠性的同时为 10 kV 同期线损管理提供了准确的数据支撑。

(2)设备结构及特点。

①设备结构。

单相接地装置主要由智能分析终端、线路状态传感器及安装配件组成。线路状态传感器为包含不同数量配置电流传感器、电压传感器、温度传感器的组合。电压传感器、电流传感器通过航插电缆与智能分析终端连接,温度传感器通过无线网络与智能分析终端通信。单相接地装置设备结构图如图 1.8 所示,传感器部件配置如图 1.9 所示。

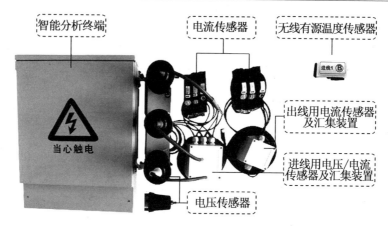

图 1.8　单相接地装置设备结构图

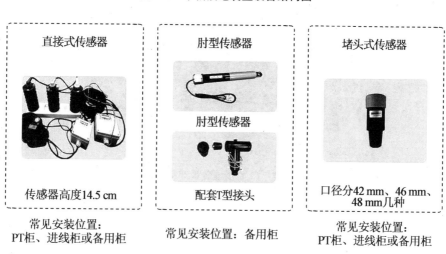

图 1.9　传感器部件配置

②设备特点。

a. 安全性高。测量采用传感器,不易发生磁饱和,频响范围宽,无开路/短路和铁磁谐振等安全风险。

b. 准确性高。采用暂态、稳态、零序电流/电压、方向综合研判算法,接地研判率更高。

c. 便于线损采集。电压精度 0.5 级,电流精度 0.5S 级,电量精度 0.5S 级。

d. 低功耗。整机功耗小于 5.5 W(最大支持 8 回路),功耗低,不发热,运行更稳定。

e. 高兼容性。电压传感器可根据不同类型柜体选用不同安装方式,兼容空气绝缘、SF_6 绝缘等柜体;智能分析终端可根据使用环境选用户内、户外和卧立式 3 种模式。

f. 免维护。采用长寿命磷酸铁锂电池作为后备电源,实现免维护。

g. 易装可靠。机箱采用 304 不锈钢,体积小,安装方便,电压传感器防护等级不低于 IP67。

③关键技术参数。

单相接地装置关键技术参数见表 1.3。

表 1.3　单相接地装置关键技术参数

序号	参数内容	数值
1	工作环境条件	
1.1	最低温度/℃	-25
1.2	最高温度/℃	+70
1.3	相对湿度/%	10~100
1.4	盐雾浓度/%	5
1.5	最大绝对湿度/$(g \cdot m^{-3})$	35
2	智能分析终端	
2.1	电压精度	0.5 级
2.2	电流精度	0.5S 级
2.3	短路故障报警电流最短持续时间/ms	20~40
2.4	有功功率、无功功率精度	1 级
2.5	自动恢复时间	1 min~48 h
2.6	复归时间误差/%	≤±1
2.7	有功电量精度	0.5S 级
2.8	终端功耗/W	≤5.5(至少含 8 回线路数据采集模块、无线通信模块或以太网通信模块)
2.9	平均无故障时间/h	>50 000
2.10	故障告警信息上传时间/s	<60
2.11	通信方式	无线 4G/光纤/485 接 DTU
2.12	外壳防护等级	不低于 IP55

续表 1.3

序号	参数内容		数值
2.13	信号线接入终端方式		航空插头
2.14	电源	主电源	支持 AC220 V 或 DC24 V/DC48 V/DC110 V
		后备电源	磷酸铁锂电池,容量不小于 25 A·h/3.2 V
			主电源失电后,后备电源能无缝投入

单相接地装置主要功能如下。

①短路故障研判。自适应线路负荷电流大小,判断电缆线路不同负荷下的短路故障。

②单相接地故障研判。判断电缆线路中性点经小电阻接地系统、中性点不接地及经消弧线圈接地系统的单相接地故障。

③线损数据自动采集。具备三相电压、三相电流、零序电压、零序电流、有功/无功功率及电量等数据的采集功能。

④参数遥调。具备就地和远方维护功能,可对参数、定值等进行修改设置,且支持就地和远程程序下载和升级。

⑤防误动。在负荷波动、变压器空载合闸涌流、线路突合负载涌流、人工投切大负荷、非故障相重合闸涌流等情况下不误报警。

⑥故障录波。具备短路与接地故障时刻故障录波功能。方便查询及通过波形分析提高故障研判效率。

⑦温度越限告警。实时监测电缆温度,无线上传给智能分析终端,当温度超过设定值时,发送告警信息给主站。

⑧重合闸识别。能准确识别导致重合闸动作的瞬时故障并正确动作,且非故障相重合闸不误动。

⑨对时。支持 SNTP 对时方式,或者接收主站或其他时间同步装置的对时命令,与系统时钟保持同步。

⑩就地故障指示。终端带就地显示线路运行状态面板,LED 绿色表示正常,LED 红色表示短路/接地故障,LED 黄色表示温度告警。

第 2 章　保护及馈线自动化

2.1　配网自动化故障类别及保护功能

2.1.1　配网故障类别

配网线路是电力输送的末端,配网线路点多、线长、面广,路径复杂,设备质量参差不齐,运行环境较为复杂,受气候或地理环境的影响较大,并且直接面对用户端,供用电情况较为复杂,这些都直接或间接影响着配网线路的安全运行。

配网的故障率远高于输变电系统。配网运行中,可能发生各种故障和不正常运行状态,对配网故障进行分类时,主要可以归纳为短路故障和接地故障。

短路故障分为两相短路和三相短路。其中,三相短路时回路依旧对称,因而又称对称性故障。电流增大和电压降低是电力系统中发生短路故障的基本特征。

接地故障是指导线与大地之间的不正常连接,包括单相接地故障和两相接地故障。接地故障与中性点接地方式密切相关,故障条件相同但中性点接地方式不同,接地故障所表现出的故障特征和后果完全不同。最常用的中性点接地方式分类方法是,按单相接地故障时接地电流的大小分为大电流接地系统和小电流接地系统两类。中性点采用的接地方式主要取决于供电可靠性和限制过电压两个因素。我国 35 kV 及以下的系统一般采用中性点不接地方式或经消弧线圈接地方式。

2.1.2　保护功能

(1)相间短路保护。

通过定值整定和对相电流的检测,保护测控单元判定用户界内、外的相间过流故障,在延时到后,输出告警信号,若投入跳闸功能则同时输出分闸控制信号,自动切除短路故障。

(2)单相接地保护。

通过定值整定和对零序电压、零序电流的检测,终端判定用户界内单相接地故障,延时到后输出告警信号,若投入跳闸功能则同时输出分闸控制信号,自动切除接地故障。接地保护包含零序过流保护及小电流保护。

(3)非遮断保护。

配网自动化装置具备非遮断保护功能,确保负荷开关不开断大电流。当任一相电流大于非遮断电流定值时,闭锁保护出口。

2.2 馈线自动化模式介绍

馈线自动化是利用自动化装置或系统,监视配网的运行状况,及时发现配网故障,进行故障定位、隔离和恢复对非故障区域的供电。馈线自动化按信息处理方式可分为集中型、就地型重合式和智能分布式。

馈线自动化选型应综合考虑供电可靠性需求、配网网架结构、一次设备现状、保护配置、通信基础条件及运维管理水平。

2.2.1 集中型馈线自动化

集中型馈线自动化借助通信手段,通过配网终端和配网主站的配合,在发生故障时依靠配网主站判断故障区域,并通过自动遥控或人工方式隔离故障区域,恢复非故障区域供电。集中型馈线自动化包括半自动和全自动两种方式。集中型馈线自动化功能应与就地型重合式馈线自动化、智能分布式馈线自动化、级差就地继电保护等协调配合。

2.2.2 就地型重合式馈线自动化

就地型重合式馈线自动化不依赖于配网主站和通信的故障处理策略,由终端收集、处理本地运行及故障等信息,实现故障定位、隔离和恢复对非故障区域的供电。电压时间型馈线自动化是最为常见的就地型重合式馈线自动化模式,根据不同的应用需求,在电压时间型馈线自动化的基础上增加了电流辅助判据,形成了电压电流时间型馈线自动化和自适应综合型馈线自动化等派生模式。

（1）电压时间型馈线自动化。

电压时间型馈线自动化通过开关"无压分闸、来电延时合闸"的工作特性配合变电站出线开关二次合闸来实现，一次合闸隔离故障区间，二次合闸恢复非故障段供电。

（2）电压电流时间型馈线自动化。

典型的电压电流时间型馈线自动化通过检测开关的失压次数、故障电流流过次数，结合重合闸实现故障区间的判定和隔离。通常配置三次重合闸：一次重合闸用于躲避瞬时性故障，线路分段开关不动作；二次重合闸隔离故障；三次重合闸恢复故障点电源侧非故障段供电。

（3）自适应综合型馈线自动化。

自适应综合型馈线自动化通过"无压分闸、来电延时合闸"方式，结合短路/接地故障检测技术与故障路径优先处理控制策略，配合变电站出线开关二次合闸，实现多分支多联络配网网架的故障定位与隔离自适应，一次合闸隔离故障区间，二次合闸恢复非故障段供电。

2.2.3　智能分布式馈线自动化

智能分布式馈线自动化通过配网终端相互通信自动实现馈线的故障定位、隔离和非故障区域恢复供电的功能，并将处理过程及结果上报配网自动化主站。其实现不依赖主站、动作可靠、处理迅速，对通信的稳定性和时延有很高的要求。智能分布式馈线自动化可分为速动型分布式馈线自动化和缓动型分布式馈线自动化。

（1）速动型分布式馈线自动化。

速动型分布式馈线自动化应用于配网线路分段开关、联络开关为断路器的线路上。配网终端通过高速通信网络，与同一供电环路内相邻分布式配网终端实现信息交互，当配网线路上发生故障时，在变电站出口断路器保护动作前，实现快速故障定位、故障隔离和非故障区域的恢复供电。

（2）缓动型分布式馈线自动化。

缓动型分布式馈线自动化应用于配网线路分段开关、联络开关为负荷开关或断路器的线路上。配网终端与同一供电环路内相邻配网终端实现信息交互，当配网线路上发生故障时，在变电站出口断路器保护动作后，实现故障定位、故障隔离和非故障区域的恢复供电。

馈线自动化模式对比见表 2.1。

表 2.1　馈线自动化模式对比

对比项	集中型	电压时间型	电压电流时间型	自适应综合型	智能分布式
供电区域	A+、A、B、C类区域	B、C、D类区域	B、C、D类区域	B、C、D类区域	A+、A、B类区域
网架结构	架空、电缆	架空	架空	架空	电缆
通信方式选择	EPON、工业光纤以太网、无线	无线	无线	无线	EPON、工业光纤以太网、无线
变电站出线开关重合闸及保护要求	配合变电站出线开关保护配置	需配置1次或2次重合闸	需配置3次重合闸	需配置1次或2次重合闸	速动型分布式FA要求实现保护级差配合
定值适应性	定值统一设置,方式调整不需重设	定值与接线方式相关,方式调整需重设	接地隔离时间定值与线路相关	定值自适应,方式调整不需重设	定值统一设置,方式调整不需重设
特点	(1) 灵活性高,适应性强,适用于各种配网网络结构及运行方式。(2) 开关操作次数少。(3) 要求高可靠和高实时性的通信网络。(4) 可对故障处理过程进行人工干预及管控。(5) 可实现故障定位、隔离、非故障区域恢复供电等全部配网故障处理功能	(1) 可自行就地完成故障定位和隔离。(2) 线路运行方式改变后,需调整终端定值	(1) 可自行实现故障定位和就地隔离。(2) 快速处理瞬时故障和永久故障。(3) 需要变电站出线断路器配置3次重合闸。(4) 线路运行方式改变后,需调整终端定值	(1) 可自行就地完成故障定位和隔离。(2) 具备接地故障处理能力。(3) 运行方式改变无须修改定值。(4) 非故障区域需要一定时间恢复供电	(1) 快速故障处理,毫秒级定位及隔离,秒级恢复供电。(2) 停电区域小。(3) 定值整定简单。(4) 速动型主干线间隔为断路器,变电站出线开关保护动作时限需0.3s及以上的延时。(5) 需要较高的通信可靠性、实时性

2.3　馈线自动化应用场景

2.3.1　集中型馈线自动化动作逻辑与典型应用场景

集中型馈线自动化借助通信手段,通过配网终端和配网主站的配合,在发生故障时依靠配网主站判断故障区域,并通过自动遥控或人工方式隔离故障区域,恢复非故障区域供电。

集中型馈线自动化适用于 A+、A、B、C 类区域的架空、电缆线路、架空电缆混合线路。网架结构为单辐射、单联络或多联络的复杂线路。

集中型馈线自动化功能对网架结构及布点原则的要求较低,一般可适应绝大多数情况。对于配网线路关键性节点,如主干线联络开关、分段开关,进出线较多的节点,配置三遥配网终端。非关键性节点如分支开关、无联络的末端站室等,可不配三遥配网终端。

1. 集中型馈线自动化动作逻辑

(1)故障定位。

当线路发生短路故障或小电阻接地系统的接地故障时,若为瞬时故障,变电站出线开关跳闸重合成功,恢复供电;若为永久故障,变电站出线开关再次跳闸并报告主站,同时故障线路上故障点上游的所有 FTU/DTU 由于检测到短路电流,也被触发,并向主站上报故障信息。而故障点下游的所有 FTU/DTU 则检测不到故障电流。主站在接到变电站和 FTU/DTU 的信息后,做出故障区间定位判断,并在调度员工作站上自动调出该信息点的接线图,以醒目方式显示故障发生点及相关信息。

当线路发生接地故障时,变电站接地告警装置告警,若未安装具备接地故障检测功能的配网终端,则需通过人工或遥控方式逐一试拉出线开关进行选线,然后再通过人工或遥控方式试拉分段开关进行选段。如果配网线路已安装具备接地故障检测功能的配网终端,则配网主站系统会在收到变电站接地告警信息和配网终端的接地故障信息后,做出故障区间定位判断。

(2)故障区域隔离。

故障区域隔离有两种操作方案,半自动和全自动。

①半自动隔离:主站提示馈线故障区段、拟操作的开关名称,由人工确认

后,发令遥控将故障点两侧的开关分闸,并闭锁合闸回路。

②全自动隔离:主站自动下发故障点两侧开关的 FTU/DTU 进行分闸操作并闭锁,在两侧开关完成分闸并闭锁后 FTU/DTU 上报主站。

(3)非故障区域恢复供电。

主站在确认故障点两侧开关被隔离后,执行恢复供电的操作。恢复供电操作也分为半自动和全自动两种。

①由人工手动或由主站自动向变电站出线开关发出合闸信息,恢复对故障点上游非故障区段的供电。

②对故障点下游非故障区段的恢复供电操作,若只有单一的恢复方案,则由人工手动或主站自动发出合闸命令,恢复故障点下游非故障区段的供电。

③对故障点下游非故障区段的恢复供电,若存在两个及以上恢复方案,主站根据转供策略优先级别排序,并提出最优推荐方案,由人工选择执行或主站自动选择最优推荐方案执行。

2. 集中型馈线自动化典型应用场景

当配网开环运行时,对于每一个配网出线发生的故障,只会有一条故障路径,可能存在多个故障下游待恢复区域需要进行恢复供电,每个下游待恢复区域可能存在多个恢复方案。

下面说明集中型馈线自动化的实现原理。

(1)线路正常供电。集中型馈线自动化典型线路图如图 2.1 所示。

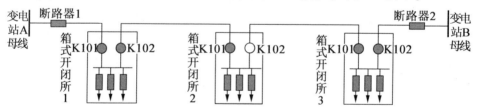

图 2.1　集中型馈线自动化典型线路图

(2)t_1 时刻 F1 点发生故障。变电站出线断路器 1 检测到线路故障,保护动作跳闸,箱式开闭所 1 的 K101、K102 配网终端上送过流信息,如图 2.2 所示。

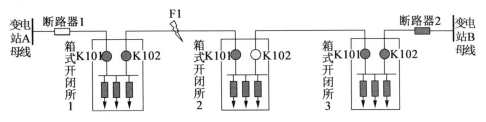

图 2.2　集中型馈线自动化故障处理过程一

(3) 主站收到出线断路器 1 开关变位及事故信号后(保护信号与跳闸信号上送主站时间间隔满足主站参数配置需求),判断满足启动条件,开始收集信号。

(4) t_2 时间到(t_2 为系统收集信号完毕时间点),信号收集完毕,系统启动故障分析。主站根据各终端上送过流信息(配网终端上送到主站的过流信号满足主站分析时间要求,即在 t_2 时间之前全部上送完毕且最早上送信号发生时间与 t_2 时间间隔满足主站参数配置需求),定位故障点在箱式开闭所 1 与箱式开闭所 2 之间,并生成相应处理策略。

(5) 主站发出遥控分闸指令,分开箱式开闭所 1 的 K102 与箱式开闭所 2 的 K101 开关,将故障区段隔离,如图 2.3 所示。

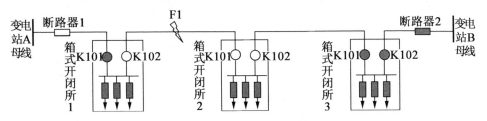

图 2.3　集中型馈线自动化故障处理过程二

(6) 隔离成功后,主站发出遥控合闸指令,首先遥控合闸出线断路器 1 实现电源侧非故障停电区域恢复供电[①],如图 2.4 所示。

(7) 随后遥控合闸箱式开闭所 2 的 K102 联络开关,实现负荷侧非故障停电区域恢复供电,并记录本次故障处理的全部过程信息,完成本次故障处理,如图 2.5 所示。

---

①　恢复策略上下游遥控顺序不做强制限制,可调换上下游恢复策略遥控次序。

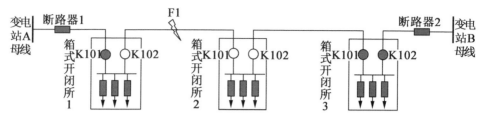

图 2.4　集中型馈线自动化故障处理过程三

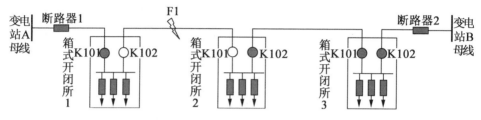

图 2.5　集中型馈线自动化故障处理过程四

2.3.2　就地型重合式馈线自动化动作逻辑与典型应用场景

就地型重合式馈线自动化通过检测电压、电流等电气量判断故障,并结合开关的时序操作或故障电流记忆等手段隔离故障,不依赖于通信和主站,实现故障就地定位和就地隔离。就地型重合式馈线自动化一般需要变电站出线开关多次重合闸(2 次或 3 次)配合。

配网线路采用就地型重合式馈线自动化模式时,该线路上的所有配网终端均应按照同一馈线自动化模式进行配置。

以下介绍不同类型的就地型重合式馈线自动化模式动作逻辑与典型应用场景。

1. 电压时间型馈线自动化动作逻辑与典型应用场景

电压时间型馈线自动化主要利用开关"失压分闸、来电延时合闸"功能,以电压时间为判据,与变电站出线开关重合闸相配合,依靠设备自身的逻辑判断功能,自动隔离故障,恢复非故障区间的供电。变电站跳闸后,开关失压分闸,变电站重合后,开关来电延时合闸,根据合闸前后的电压保持时间,确定故障位置并隔离,并恢复故障点电源方向非故障区间的供电。

电压时间型馈线自动化适用于 B、C、D 类区域的架空线路,网架结构为单辐射、单联络等简单线路,可通过变电站出线开关重合闸次数设置或主站遥控等方式实现两次重合闸。

　　布点原则为变电站出线开关到联络点的干线分段及联络开关,均可采用具备电压时间型馈线自动化功能的一、二次融合开关作为分段器,一条干线的分段开关宜不超过 3 个。对于大分支线路原则上仅安装一级开关,配置与主干线相同开关。典型多分段单联络线路布点如图 2.6 所示。

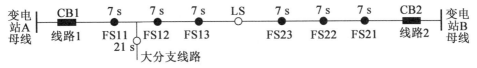

图 2.6　典型多分段单联络线路布点

　　(1)电压时间型馈线自动化动作逻辑。

　　①故障定位与隔离。当线路发生短路故障时,变电站出线开关(CB)检出故障并跳闸,分段开关失压分闸,CB 延时合闸,若为瞬时故障,分段开关逐级延时合闸,线路恢复供电。若为永久故障,分段开关逐级感受来电并延时 X 时间[①](线路有压确认时间)合闸送出,当合闸至故障区段时,CB 再次跳闸,故障点上游的开关合闸保持不足 Y 时间[②]闭锁正向来电合闸,故障点后端开关因感受瞬时来电(未保持 X 时间)闭锁反向合闸。

　　②非故障区域恢复供电。电压时间型馈线自动化利用一次重合闸即可完成故障区间隔离,然后通过以下方式实现非故障区域的供电恢复。

　　a.若变电站出线开关已配置二次重合闸或可调整为二次重合闸,则在 CB二次自动重合闸时即可恢复故障点上游非故障区段的供电。

　　b.若变电站出线开关仅配置一次重合闸且不能调整,则将线路靠近变电站首台开关的来电延时时间(X 时间)调长,躲避 CB 的合闸充电时间(如 21 s),然后利用 CB 的二次合闸,即可恢复故障点上游非故障区段的供电。

　　c.对于具备联络转供能力的线路,可通过闭合联络开关的方式恢复故障点下游非故障区段的供电;联络开关的合闸方式可采用手动方式、遥控操作方式(具备遥控条件时)或者自动延时合闸方式。

---

　　①　X 时间:开关合闸时间或延时合闸时限。若开关一侧加压持续时间没有超过 X 时间时线路失压,则启动 X 闭锁,再来电时反向送电不合闸。

　　②　Y 时间:故障检测时间或延时分闸时间。合闸后,如果 Y 时间内一直可检测到电压,则 Y 时间后即使发生失电分闸,开关也不闭锁。合闸后,如果没有超过 Y 时限,线路又失压,则开关分闸、并保持在闭锁状态,再来电时正向送电不合闸。

自动延时合闸动作逻辑是指线路发生短路故障后,联络开关会检测到一侧失压,若失压时间大于联络开关合闸前确认时间(X_L),则联络开关自动合闸,进行负荷转供,恢复非故障区域供电;若在X_L时间内,失压侧线路恢复供电,则联络开关不合闸,以躲避瞬时性故障;若线路为末端故障,联络开关具备瞬时加压闭锁功能,保持分闸状态,避免引起对侧线路跳闸。X_L时间设置应大于最长故障隔离时间,防止故障没有隔离就转供造成停电范围扩大。

(2)电压时间型馈线自动化典型应用场景。

①线路正常供电。电压时间型馈线自动化典型线路图如图2.7所示。

图2.7　电压时间型馈线自动化典型线路图

②F1点发生故障。变电站出线开关CB1检测到线路故障,保护动作跳闸,线路1所有电压型开关均因失压而分闸,同时联络开关L1因单侧失压而启动X时间倒计时,如图2.8所示。

图2.8　电压时间型馈线自动化故障处理过程一

③2 s后,变电站出线开关CB1第一次重合闸,如图2.9所示。

图2.9　电压时间型馈线自动化故障处理过程二

④7 s后,线路1分段开关F001合闸,如图2.10所示。

图2.10　电压时间型馈线自动化故障处理过程三

⑤7 s后,线路1分段开关F002合闸。因合闸于故障点,CB1再次保护动作跳闸,同时,开关F002、F003闭锁,完成故障点定位隔离,如图2.11所示。

图 2.11　电压时间型馈线自动化故障处理过程四

⑥变电站出线开关 CB1 第二次重合闸,恢复 CB1 至 F001 之间非故障区段供电,如图 2.12 所示。

图 2.12　电压时间型馈线自动化故障处理过程五

⑦7 s 后,线路 1 分段开关 F001 合闸,恢复 F001 至 F002 之间非故障区段供电,如图 2.13 所示。

图 2.13　电压时间型馈线自动化故障处理过程六

⑧通过远方遥控(需满足安全防护条件)或现场操作联络开关合闸,完成联络 L1 至 F003 之间非故障区段供电,如图 2.14 所示。

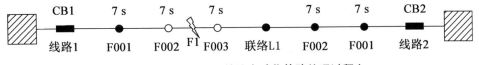

图 2.14　电压时间型馈线自动化故障处理过程七

2. 电压电流时间型馈线自动化动作逻辑与典型应用场景

电压电流时间型馈线自动化是在电压时间型馈线自动化基础上,增加了快速重合闸躲避瞬时性故障和故障电流辅助判据。分段开关记忆停电次数,第一次失压不分闸以满足快速重合闸躲避瞬时性故障,第二次失压后开关分闸并遵循得电 X 时间合闸,X 时间内检测到残压闭锁合闸,合闸后 Y 时间内失压且检测到故障电流则分闸并闭锁正向合闸;合闸后 Y 时间内失压但未检测到故障电流则分闸(但不闭锁)。采用三次重合闸方式,一次重合闸用于躲避瞬时性故障,二次重合闸用于定位隔离故障区段,三次重合闸用于恢复非故障区段的供电。

电压电流时间型馈线自动化适用于 B、C、D 类区域的架空线路,网架结构为单辐射、单联络等简单线路,可通过变电站出线开关重合闸次数设置或主站遥控等方式实现三次重合闸。

布点原则为变电站出线开关到联络点的干线分段及联络开关,均可采用具备电压电流时间型馈线自动化功能的一、二次融合开关作为分段器,一条干线的分段开关宜不超过 3 个。对于大分支线路原则上仅安装一级开关,配置与主干线相同的开关。典型单联络线路布点如图 2.15 所示。

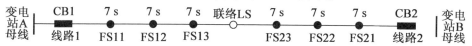

图 2.15　典型单联络线路布点

(1)电压电流时间型馈线自动化动作逻辑。

①故障定位与隔离。当线路发生短路故障时,变电站出线开关(CB)检测到故障并跳闸,分段开关记忆失压 1 次,不分闸,CB 一次重合闸至故障,再次分闸,分段开关因失压 2 次执行失压分闸。变电站出线开关二次重合闸后,分段开关逐级执行来电延时合闸,分段开关合闸至故障点后 CB 再次分闸,故障点前端开关失压分闸并闭锁正向合闸,故障点后端开关感受瞬时来电闭锁反向供电合闸。

②非故障区域恢复供电。电压电流时间型馈线自动化利用三次重合闸实现故障区间隔离,通过以下方式实现非故障区域的供电恢复。

a.若变电站出线开关已配置三次重合闸或可调整为三次重合闸,则在 CB 三次自动重合闸后即可恢复故障点上游非故障区段的供电。

b.若变电站出线开关未配置三次重合闸且不能调整,则可通过遥控 CB 实现。

c.对于具备联络转供能力的线路,可通过闭合联络开关的方式恢复故障点下游非故障区段的供电;联络开关的合闸方式可采用手动方式、遥控操作方式(具备遥控条件时)或者自动延时合闸方式。

(2)电压电流时间型馈线自动化典型应用场景。

①主干线瞬时短路故障。

a.正常线路。电压电流时间型馈线自动化典型线路图如图 2.16 所示。

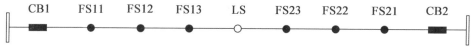

图 2.16　电压电流时间型馈线自动化典型线路图

b. FS12 与 FS13 之间发生瞬时故障,如图 2.17 所示。

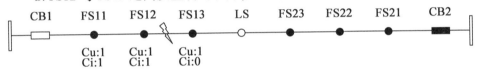

图 2.17　电压电流时间型馈线自动化故障处理过程一

CB1 跳闸,FS11、FS12、FS13 失压计数 1 次,FS11、FS12 过流计数 1 次,CB1 一次重合成功。

c. FS12 与 FS13 之间发生永久故障,如图 2.18 所示。

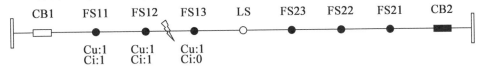

图 2.18　电压电流时间型馈线自动化故障处理过程二

ⅰ. CB1 跳闸,FS11、FS12、FS13 失压计数 1 次,FS11、FS12 过流计数 1 次,如图 2.19 所示。

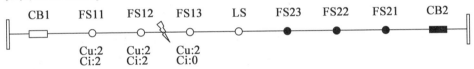

图 2.19　电压电流时间型馈线自动化故障处理过程三

ⅱ. CB1 一次重合失败,FS11、FS12、FS13 失压计数 2 次,FS11、FS12 过流计数 2 次。因失压计数 2 次,FS11、FS12、FS13 均分闸,如图 2.20 所示。

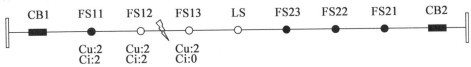

图 2.20　电压电流时间型馈线自动化故障处理过程四

ⅲ. CB1 二次重合,经合闸闭锁时间 X(大于 CB1 一次重合闸时间),FS11 合闸,并经故障确认时间 Y(一般为 $X-0.5$),FS11 闭锁分闸,如图 2.21 所示。

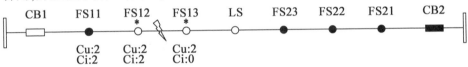

图 2.21　电压电流时间型馈线自动化故障处理过程五

ⅳ.FS11 合闸后经 X 时间,FS12 合闸于故障,CB1 跳闸,在 Y 时间内 FS12 检失压分闸并整形闭锁合闸,FS13 在 X 时间内检残压反向闭锁合闸,如图 2.22 所示。

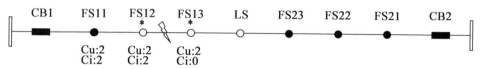

图 2.22　电压电流时间型馈线自动化故障处理过程六

ⅴ.CB1 三次重合闸成功。

②接地故障。

a.按照功率方向整定各分段器的定值,如图 2.23 所示。

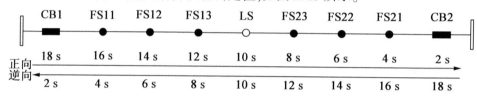

图 2.23　电压电流时间型馈线自动化故障处理过程七

b.FS12 与 FS13 之间发生单相接地故障,FS12、FS11、CB1 检测到负荷侧发生了单相接地故障,分别启动单相接地故障计时。14 s 后,FS12 分闸并闭锁,完成故障定位和隔离,如图 2.24 所示。

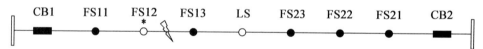

图 2.24　电压电流时间型馈线自动化故障处理过程八

c.通过遥控或现场操作联络开关 LS 合闸,恢复 LS 至 FS13 区段供电。FS13、LS、FS23、FS22、FS21、CB2 检测到负荷侧发生了单相接地故障,分别启动单相接地故障计时。8 s 后,FS13 分闸并闭锁,完成故障定位和隔离,如图 2.25 所示。

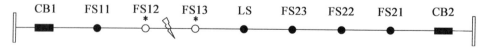

图 2.25　电压电流时间型馈线自动化故障处理过程九

3.自适应综合型馈线自动化动作逻辑与典型应用场景

自适应综合型馈线自动化是在电压时间型馈线自动化的基础上,增加了故障信息记忆和来电合闸延时自动选择功能,从而实现参数定值的归一化,使配网终端不会产生由网架、运行方式下调整导致的参数调整。

自适应综合型馈线自动化需选用具备单相接地故障暂态特征量检出功能的新型配网终端,通过"无压分闸、来电延时合闸"方式,结合短路/接地故障检测技术与故障路径优先处理控制策略,配合变电站出线开关二次合闸,实现多分支多联络配网网架的故障定位与隔离自适应,一次合闸隔离故障区间,二次合闸恢复非故障段供电。

自适应综合型馈线自动化适用于 B、C、D 类区域的架空线路,网架结构为单辐射、单联络或多联络线路,可通过变电站出线开关重合闸次数设置或主站遥控等方式实现两次重合闸。

布点原则为变电站出线开关到联络点的干线分段及联络开关,均可采用具备自适应综合型馈线自动化功能的一、二次融合开关作为分段器,一条干线的分段开关宜不超过 3 个。对于大分支线路原则上仅安装一级开关,配置与主干线相同的开关。典型多分段多联络线路布点如图 2.26 所示。

(1)自适应综合型馈线自动化动作逻辑。

①短路故障定位与隔离。

当线路发生短路故障时,若为瞬时故障,变电站出线开关(CB)重合成功,分段开关依据有故障记忆采用短延时,无故障记忆采用长延时的方式依次合闸送出,线路恢复供电。

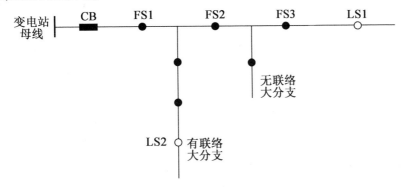

图 2.26 典型多分段多联络线路布点

当线路发生短路故障时,若为永久故障,变电站出线开关(CB)检出故障并跳闸,分段开关失压分闸,故障点电源方向路径上的分段开关感受到故障信号并记录故障信息;CB 延时一次重合闸,分段开关感受来电时按照有故障记忆执行 X 时间(线路有压确认时间)合闸送出,无故障记忆的开关执行 $X+T$ 延时时间(长延时)合闸送出。分段开关逐级合闸至故障点,CB 再次跳闸,故障点上游开关因合闸后未保持 Y 时间闭锁正向来电合闸,故障点下游开关因感受瞬时来电(未保持 X 时间)闭锁反向合闸。

②单相接地故障定位与隔离。

配网终端具备单相接地故障选线功能和选段功能,通常线路首台开关配置为选线模式,其余开关配置为选段模式,首台开关应该尽量靠近变电站出线开关,优先选第一个杆或者第一个站室。

当线路发生接地故障时,故障线路的故障点前端开关通过暂态信息检出故障,首台开关延时选线跳闸,线路上的其他分段开关失压分闸并记录故障暂态信息,首台开关延时一次重合闸,分段开关感受来电时按照有故障记忆执行 X 时间(线路有压确认时间)合闸送出,无故障记忆的开关执行 $X+T$ 延时时间(长延时)合闸送出;合闸至故障点后,因接地故障导致零序电压突变,故障点前端开关判定合闸至故障点,直接跳闸并闭锁,故障点后端开关感受瞬时来电闭锁合闸,故障隔离完成。

③非故障区域恢复供电。

自适应型馈线自动化利用一次重合闸实现故障区间隔离,通过以下方式实现非故障区域的供电恢复。

a.若变电站出线开关已配置二次重合闸或可调整为二次重合闸,则在变电站出线开关二次自动重合闸时即可恢复故障点上游非故障区段的供电。

b.若变电站出线开关未配置二次重合闸且不好改造,则可通过调整线路中最靠近变电站的首台开关的来电延时时间(X 时间),躲避 CB 的合闸充电时间,然后利用 CB 的二次重合闸即可恢复故障点上游非故障区段的供电。

c.对于具备联络转供能力的线路,可通过闭合联络开关的方式恢复故障点下游非故障区段的供电;联络开关的合闸方式可采用手动方式、遥控操作方式(具备遥控条件时)或者自动延时合闸方式。

（2）自适应综合型馈线自动化典型应用场景。

①主干线短路故障处理。

a. FS2 和 FS3 之间发生永久故障,FS1、FS2 检测故障电流并记忆,如图 2.17 所示。

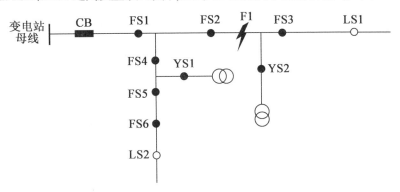

图 2.27　自适应综合型馈线自动化故障处理过程一

注:CB 为带时限保护和二次重合闸功能的 10 kV 馈线出线断路器;FS1～FS6/LSW1、LSW2 为自适应综合型智能负荷分段开关/联络开关;YS1～YS2 为用户分界开关。

b. CB 保护跳闸,如图 2.28 所示。

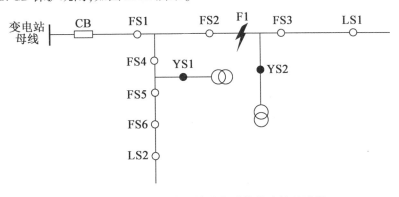

图 2.28　自适应综合型馈线自动化故障处理过程二

c. CB 在 2 s 后第一次重合闸,如图 2.29 所示。

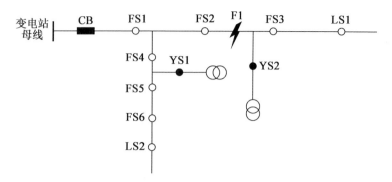

图 2.29　自适应综合型馈线自动化故障处理过程三

d. FS1 一侧有压且有故障电流记忆,延时 7 s 合闸,如图 2.30 所示。

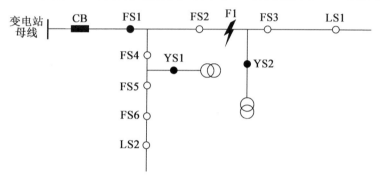

图 2.30　自适应综合型馈线自动化故障处理过程四

e. FS2 一侧有压且有故障电流记忆,延时 7 s 合闸,FS4 一侧有压但无故障电流记忆,启动长延时(7+50)s(等待故障线路隔离完成,按照最长时间估算,主干线最多 4 个开关,考虑一级转供带 4 个开关),如图 2.31 所示。

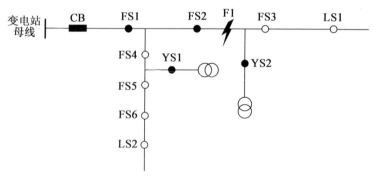

图 2.31　自适应综合型馈线自动化故障处理过程五

f. 由于是永久故障,因此 CB 再次跳闸,FS2 失压分闸并闭锁合闸,FS3 因短时来电闭锁合闸,如图 2.32 所示。

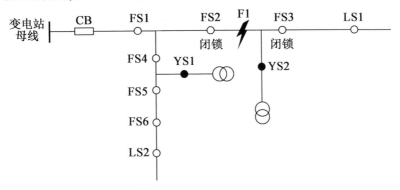

图 2.32　自适应综合型馈线自动化故障处理过程六

g. CB 二次重合,FS1、FS4、FS5、FS6 依次延时合闸,如图 2.33 所示。

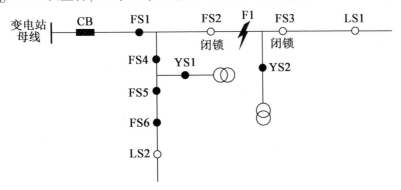

图 2.33　自适应综合型馈线自动化故障处理过程七

②用户分支短路故障处理。

a. YS1 之后发生短路故障,FS1、FS4、YS1 记忆故障电流,如图 2.34 所示。

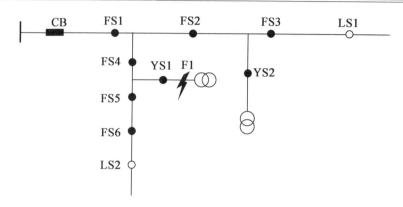

图 2.34 自适应综合型馈线自动化故障处理过程八

b. CB 保护跳闸,FS1~FS6 失压分闸,YS1 无压无流后分闸。

c. CB 在 2 s 后第一次重合闸。

d. FS1~FS7 依次延时合闸。

③主干线接地故障(小电流接地)处理。

a. 安装前设置 FS1 为选线模式,其余开关为选段模式。

b. FS5 后发生单相接地故障,FS1、FS4、FS5 依据暂态算法选出接地故障在其后端并记忆,如图 2.35 所示。

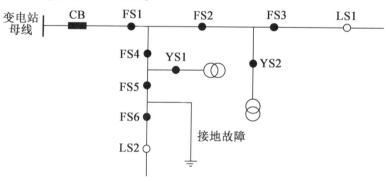

图 2.35 自适应综合型馈线自动化故障处理过程九

c. FS1 延时保护跳闸(20 s),如图 2.36 所示。

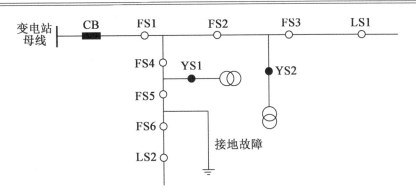

图 2.36　自适应综合型馈线自动化故障处理过程十

d. FS1 在延时 2 s 后重合闸,如图 2.37 所示。

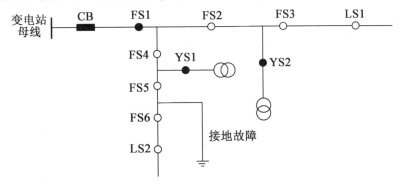

图 2.37　自适应综合型馈线自动化故障处理过程十一

e. FS4、FS5 一侧有压且有故障记忆,延时 7 s 合闸,FS2 无故障记忆,启动长延时,如图 2.38 所示。

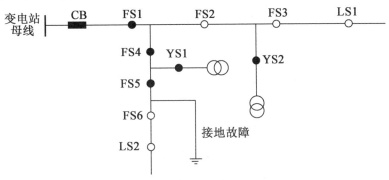

图 2.38　自适应综合型馈线自动化故障处理过程十二

f. FS5 合闸后发生零序电压突变,FS5 直接分闸,FS6 感受短时来电闭锁合闸,如图 2.39 所示。

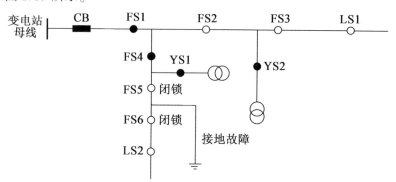

图 2.39　自适应综合型馈线自动化故障处理过程十三

g. FS2、FS3 依次合闸恢复供电,如图 2.40 所示。

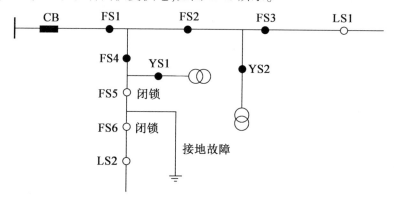

图 2.40　自适应综合型馈线自动化故障处理过程十四

2.3.3　智能分布式馈线自动化动作逻辑与典型应用场景

按照馈线自动化选型技术原则要求,智能分布式馈线自动化适用于 A+、A 类及 B 类区域电缆线路。智能分布式馈线自动化又分为速动型分布式馈线自动化和缓动型分布式馈线自动化。

1.速动型分布式馈线自动化动作逻辑与典型应用场景

速动型分布式馈线自动化(以下简称"速动型分布式 FA")主要应用于对供电可靠性要求较高的城区电缆线路,包括但不限于 A+、A 类区域。适用于单环网、双环网、多电源联络、N 供一备、花瓣形等开环或闭环运行的配网网架。

速动型分布式 FA 的故障定位,主要通过检测故障区段两侧短路电流、接地故障的特征差异,定位故障发生在对应区段。故障定位完成后,在变电站馈线保护动作之前隔离相应故障区段,随后判断联络电源转供条件满足与否,若满足,合上联络开关完成非故障停电区域的供电恢复。

速动型分布式 FA 故障处理过程如下。

(1)短路故障处理。

①主干线短路故障处理。

a.在开关 2、开关 3 之间发生短路故障,如图 2.41 所示。

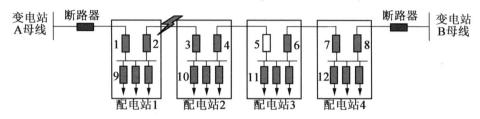

图 2.41　速动型分布式 FA 故障处理过程一

b.速动型分布式 FA 启动,定位故障发生在开关 2、开关 3 之间;在变电站 A 出口断路器跳闸之前,开关 2 分闸,开关 3 分闸,故障隔离完成,如图 2.42 所示。

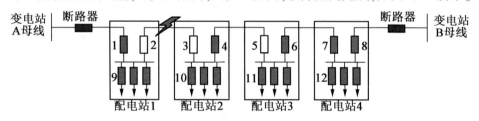

图 2.42　速动型分布式 FA 故障处理过程二

c.确定故障隔离成功,合上开关 5(不过负荷时),完成非故障区段恢复供电,故障处理完成,速动型分布式 FA 结束,如图 2.43 所示。

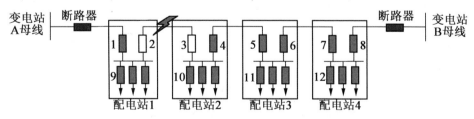

图 2.43　速动型分布式 FA 故障处理过程三

d.在故障隔离过程中,开关 2 拒动,如图 2.44 所示。

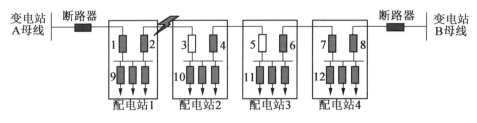

图 2.44　速动型分布式 FA 故障处理过程四

e.扩大一级隔离,则开关 1 分闸,故障隔离完成,如图 2.45 所示。

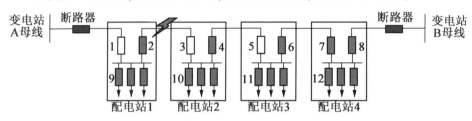

图 2.45　速动型分布式 FA 故障处理过程五

f.确定故障隔离成功,合上开关 5(不过负荷时),完成非故障区段恢复供电,故障处理完成,速动型分布式 FA 结束,如图 2.46 所示。

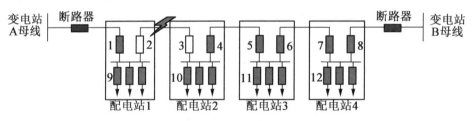

图 2.46　速动型分布式 FA 故障处理过程六

②馈出线短路故障处理。

a.开关 10 发生短路故障,如图 2.47 所示。

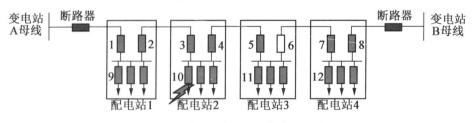

图 2.47　速动型分布式 FA 故障处理过程七

b.速动型分布式 FA 启动,定位故障发生在开关 10 的馈出线;在变电站 A 出口断路器跳闸之前,开关 10 分闸,故障隔离完成;主干线未停电,如图 2.48 所示。

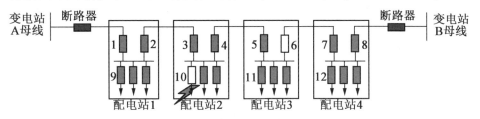

图 2.48 速动型分布式 FA 故障处理过程八

c. 在故障隔离过程中,开关 10 拒动,如图 2.49 所示。

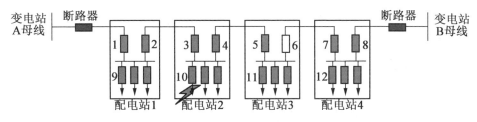

图 2.49 速动型分布式 FA 故障处理过程九

d. 扩大一级隔离,则开关 3 分闸,开关 4 分闸(若开关 4 继续拒动,则闭锁速动型分布式 FA),故障隔离完成,如图 2.50 所示。

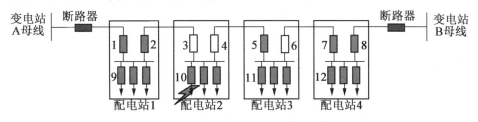

图 2.50 速动型分布式 FA 故障处理过程十

e. 确定故障隔离成功,合上开关 6(不过负荷时),完成非故障区段恢复供电,故障处理完成,速动型分布式 FA 结束,如图 2.51 所示。

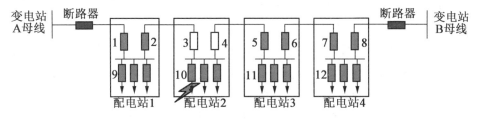

图 2.51 速动型分布式 FA 故障处理过程十一

③母线短路故障处理。

a.配电站 2 母线之间发生短路故障,如图 2.52 所示。

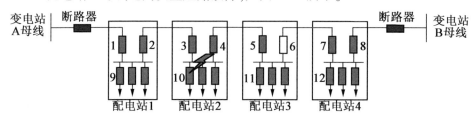

图 2.52　速动型分布式 FA 故障处理过程十二

b.速动型分布式 FA 启动,定位故障发生在配电站 2 母线;在变电站 A 出口断路器跳闸之前,开关 3 分闸,开关 4 分闸,故障隔离完成,如图 2.53 所示。

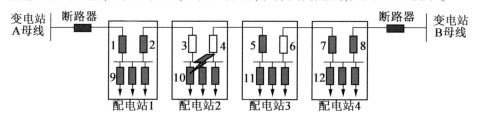

图 2.53　速动型分布式 FA 故障处理过程十三

c.确定故障隔离成功,合上开关 6(不过负荷时),完成非故障区段恢复供电,故障处理完成,速动型分布式 FA 结束,如图 2.54 所示。

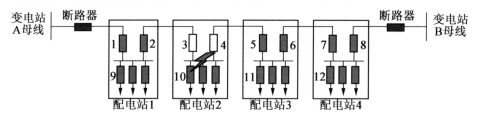

图 2.54　速动型分布式 FA 故障处理过程十四

d.在故障隔离过程中,开关 3 拒动,如图 2.55 所示。

e.扩大一级隔离,则开关 2 分闸,故障隔离完成,如图 2.56 所示。

f.确定故障隔离成功,合上开关 6(不过负荷时),完成非故障区段恢复供电,故障处理完成,速动型分布式 FA 结束,如图 2.57 所示。

g.在故障隔离过程中,开关 4 拒动,如图 2.58 所示。

h.扩大一级隔离,则开关 5 分闸,故障隔离完成,如图 2.59 所示。

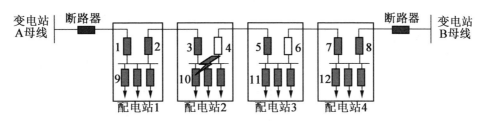

图 2.55　速动型分布式 FA 故障处理过程十五

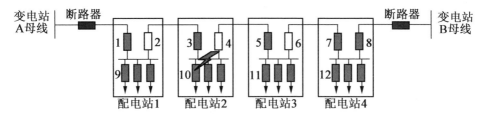

图 2.56　速动型分布式 FA 故障处理过程十六

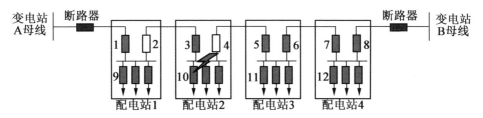

图 2.57　速动型分布式 FA 故障处理过程十七

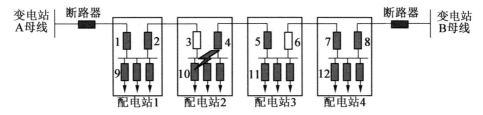

图 2.58　速动型分布式 FA 故障处理过程十八

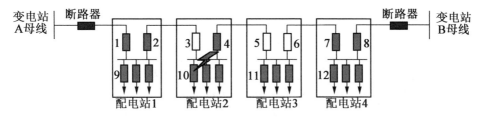

图 2.59　速动型分布式 FA 故障处理过程十九

i. 确定故障隔离成功,合上开关 6(不过负荷时),完成非故障区段恢复供电,故障处理完成,速动型分布式 FA 结束,如图 2.60 所示。

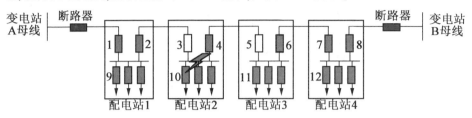

图 2.60　速动型分布式 FA 故障处理过程二十

(2)接地故障处理。

当发生单相接地故障时,终端之间交互各自区内区外故障信息,定位故障区段,完成故障隔离,若一次开关拒动,则扩大一级进行故障隔离。

对于开环运行线路,确认故障隔离成功,进行过负荷预判,满足条件时合上联络开关,完成非故障停电区域的负荷转供。对于闭环运行线路,在故障隔离完成后,联络开关无须动作。

①故障发生在主干线。

a. 开关 2 与开关 3 之间的线路发生接地故障,如图 2.61 所示。

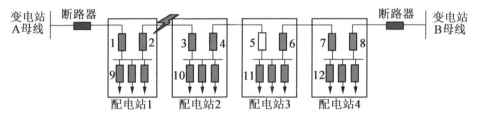

图 2.61　速动型分布式 FA 故障处理过程二十一

b. 经延时后故障仍然存在,速动型分布式 FA 启动,开关 2 分闸,开关 3 分闸,如图 2.62 所示。

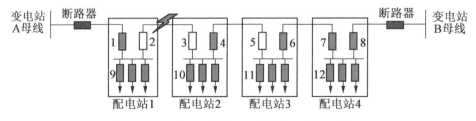

图 2.62　速动型分布式 FA 故障处理过程二十二

　　c. 合上开关 5(不过负荷时),完成非故障区段恢复供电,故障处理完成,速动型分布式 FA 结束,如图 2.63 所示。

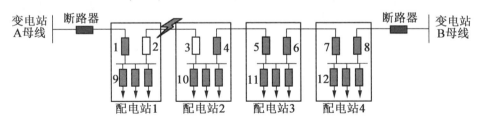

图 2.63　速动型分布式 FA 故障处理过程二十三

　　d. 若开关 2 拒动,则扩大一级故障隔离,开关 2 的上游开关 1 分闸,如图 2.64 所示。

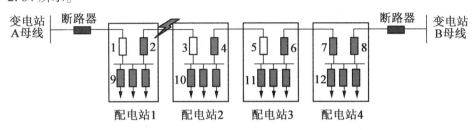

图 2.64　速动型分布式 FA 故障处理过程二十四

　　e. 合上开关 5(不过负荷时),完成非故障区段恢复供电,故障处理完成,速动型分布式 FA 结束,如图 2.65 所示。

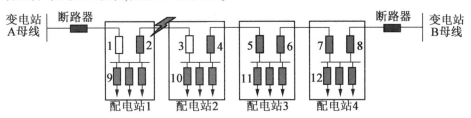

图 2.65　速动型分布式 FA 故障处理过程二十五

　　②故障发生在馈出线。

　　a. 开关 10 下游发生分支线接地故障,如图 2.66 所示。

　　b. 经延时后故障仍然存在,速动型分布式 FA 启动,开关 10 分闸,故障处理完成,速动型分布式 FA 结束,如图 2.67 所示。

　　c. 若开关 10 拒动,则扩大一级隔离,开关 3 分闸,开关 4 分闸(若开关 4 继续拒动,则闭锁速动型分布式 FA),如图 2.68 所示。

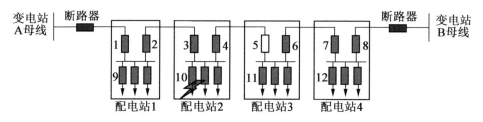

图 2.66　速动型分布式 FA 故障处理过程二十六

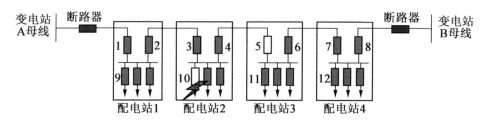

图 2.67　速动型分布式 FA 故障处理过程二十七

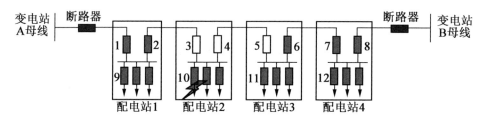

图 2.68　速动型分布式 FA 故障处理过程二十八

d. 合上开关 5(不过负荷时),完成非故障区段恢复供电,故障处理完成,速动型分布式 FA 结束,如图 2.69 所示。

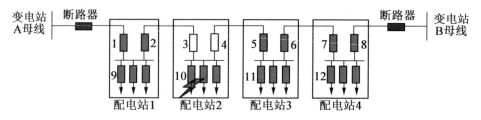

图 2.69　速动型分布式 FA 故障处理过程二十九

③故障发生在母线。

a. 开关 3 与开关 4 之间的母线发生接地故障,如图 2.70 所示。

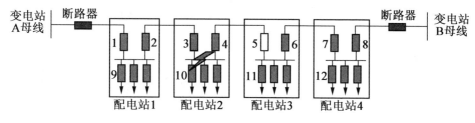

图 2.70　速动型分布式 FA 故障处理过程三十

b. 经延时后故障仍然存在,速动型分布式 FA 启动,开关 3 分闸,开关 4 分闸,如图 2.71 所示。

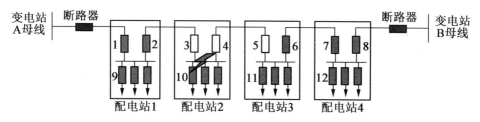

图 2.71　速动型分布式 FA 故障处理过程三十一

c. 合上开关 5(不过负荷时),完成非故障区段恢复供电,故障处理完成,速动型分布式 FA 结束,如图 2.72 所示。

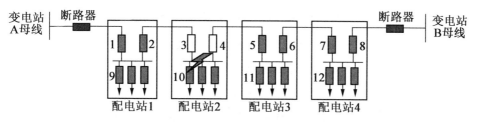

图 2.72　速动型分布式 FA 故障处理过程三十二

d. 若开关 3 拒动,则扩大一级隔离,开关 2 分闸,如图 2.73 所示。

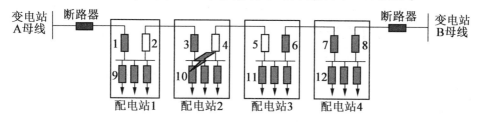

图 2.73　速动型分布式 FA 故障处理过程三十三

e. 合上开关 5（不过负荷时），完成非故障区段恢复供电，故障处理完成，速动型分布式 FA 结束，如图 2.74 所示。

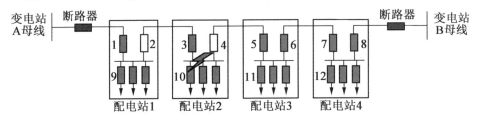

图 2.74　速动型分布式 FA 故障处理过程三十四

f. 若开关 4 拒动，则扩大一级隔离，开关 5 闭锁合闸，故障隔离完成，速动型分布式 FA 结束，如图 2.75 所示。

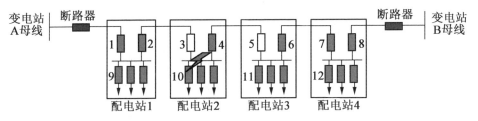

图 2.75　速动型分布式 FA 故障处理过程三十五

2. 缓动型分布式馈线自动化动作逻辑与典型应用场景

缓动型分布式馈线自动化（以下简称"缓动型分布式 FA"）主要应用于对供电可靠性要求较高的城区电缆线路。适用于单环网、双环网等开环运行的配网网架。

缓动型分布式 FA 的故障定位，主要通过检测故障区段两侧短路电流、接地故障的特征差异，从而定位故障发生在对应区段。故障定位完成后，在变电站馈线保护动作切除故障之后，经延时隔离相应故障区段，随后合上变电站出口开关，恢复故障点上游非故障区域的供电，并判断联络电源转供条件满足与否，若满足，合上联络开关完成故障点下游非故障停电区域的供电恢复。

缓动型分布式 FA 故障处理过程如下。

（1）配电站 2 的开关 2 与配电站 3 的开关 1 之间的线路发生故障，如图 2.76 所示。

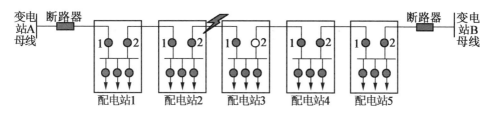

图 2.76　缓动型分布式 FA 故障处理过程一

（2）缓动型分布式 FA 启动，配电站 3 出口开关跳闸，如图 2.77 所示。

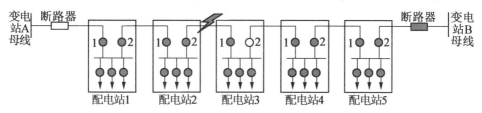

图 2.77　缓动型分布式 FA 故障处理过程二

（3）配电站 2 的开关 2 分闸，配电站 3 的开关 1 分闸，如图 2.78 所示。

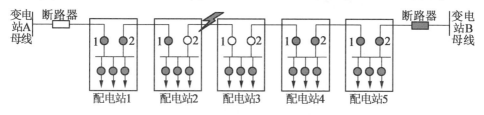

图 2.78　缓动型分布式 FA 故障处理过程三

（4）合上配电站 3 的开关 2（不过负荷时），恢复下游非故障区段供电；合上配电站 1 出口开关（遥控合闸、人工合闸或重合闸），恢复上游非故障区段供电，故障处理完成，缓动型分布式 FA 结束，如图 2.79 所示。

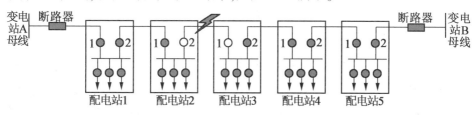

图 2.79　缓动型分布式 FA 故障处理过程四

（5）若配电站 2 的开关 2 拒动，则扩大一级隔离，配电站 2 的开关 1 分闸，如图 2.80 所示。

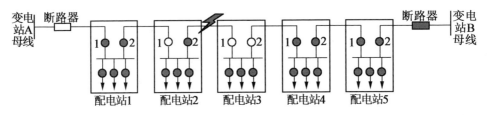

图 2.80　缓动型分布式 FA 故障处理过程五

（6）合上配电站 3 的开关 2(不过负荷时)，恢复下游非故障区段供电；合上配电站 1 出口开关(遥控合闸、人工合闸或重合闸)，恢复上游非故障区段供电，故障处理完成，缓动型分布式 FA 结束，如图 2.81 所示。

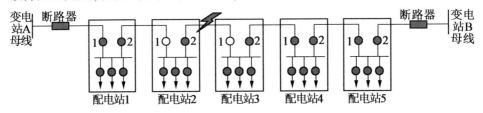

图 2.81　缓动型分布式 FA 故障处理过程六

2.3.4　馈线自动化实际应用

1. 集中型 FA 与级差保护混合应用

为充分促进配网故障精准隔离，提升故障隔离与非故障区间恢复效率，进行集中型 FA 与级差保护混合应用，发挥馈线自动化建设成效，持续提升配网自动化实用化水平。

集中型 FA 与级差保护配合时，级差保护为主保护，一般构成变电站出线、分支首端、用户分界三级保护配合，首先由级差保护配合分别切除用户内部、支线、部分主干分段及整线，再由集中型 FA 隔离故障区间及恢复非故障区间供电。

在采用弹簧操作机构断路器时，配网上下级保护延时级差(ΔT)宜为 0.15 s，部分现场配合困难时，可牺牲一定的选择性，上下级保护延时级差(ΔT)可取 0.1 s；在快速操作机构断路器时(如分闸时间稳定在 15 ms 以内)，配网上下级保护延时级差(ΔT)宜为 0.1 s，此原则适用于短路故障或小电阻接地系统的单相接地故障的保护配合。

对于小电流接地系统单相接地故障，采用一、二次融合开关判断接地故障，末级接地故障判断确认延时宜不小于 6 s,上下级保护延时级差(ΔT)宜取 5 s,可根据具体需求调整,但宜不小于 1 s。

小电流接地系统进行接地故障判断时,根据定值管理水平,分界开关可同时投入基于暂态信息接地故障判断功能、零序过流保护功能,或只应用其中一种。一般情况下,分段开关只投入基于暂态信息自适应接地故障判断功能,在具备较高定值整定和管理水平的前提下,可在分段开关启用零序过流保护,用以提高对两相短路接地故障保护的灵敏度,但应注意过流定值不宜过小(应大于 10 A),防止发生区外误动。

2. 实际应用

根据配网自动化实际运行需要,综合考虑供电可靠性要求、网架结构、一次设备、保护配置、通信条件及运维管理水平,某县地区采用"集中型馈线自动化+级差保护"应用模式。通过集中型 FA 与级差保护配合,共同完成配网线路故障定位、隔离和恢复对非故障区域的供电。受限于光纤及专网难以随自动化终端建设同步完成覆盖,目前普遍采用半自动 FA 模式。

第 3 章所举案例主要依托江苏某县供电公司,该公司配网运行部门设置配网管控中心,落实专人 24 h 值班,充当一线班组的"眼""脑""手",与调度、运行协同进行配电运维、抢修工作,提高故障快速响应与处置能力。在配网发生故障时,通过对主站系统中自动化终端上报的故障信号进行分析,第一时间联系调控中心及线路运行人员,提供故障研判结果和处置决策方案。故障处置时通过人工操作和遥控方式,最短时间内隔离故障区域并恢复非故障区域供电,缩短供电恢复时间。

故障处置策略及流程介绍如下。

(1)故障处置策略。

①短路故障。

a.半自动 FA 情况下。

半自动 FA 由主站提示馈线故障区段及拟操作的开关名称,主站监控人员通过电话、短信、群通知等方式将故障区段信息发送至线路负责人,由调度员人工确认后,发令遥控将故障点两侧的开关分闸,并闭锁合闸回路。主站在确认故障点两侧开关被隔离后,调度员执行恢复供电的操作:由人工手动向变电站出线开关发出合闸信息,恢复对故障点上游非故障区段的供电。对故障点下游非故障区段的恢复供电操作,若只有单一的恢复方案,则由人工手动向联络开关发出合闸命令,恢复故障点下游非故障区段的供电。对故障点下游非故障区段的恢复供电,若存在两个及以上恢复方案,主站根据转供策略优先级别排序,并提出最优推荐方案,由人工选择执行最优推荐方案执行。

b.全自动 FA 情况下。

有序推动全自动 FA 线路投运,确保符合要求的线路"应投尽投"。主站自动下发故障点两侧开关的 FTU/DTU 进行分闸操作并闭锁,在两侧开关完成分闸并闭锁后 FTU/DTU 上报主站。由主站自动向变电站出线开关发出合闸信息,恢复对故障点上游非故障区段的供电。对故障点下游非故障区段的恢复供电操作,若只有单一的恢复方案,则由主站自动向联络开关发出合闸命令,恢复故障点下游非故障区段的供电。对故障点下游非故障区段的恢复供电,若存在两个及以上恢复方案,主站根据转供策略优先级别排序,并提出最优推荐方案,由主站自动选择最优推荐方案执行。故障处理结束后,将故障区域、线路转供等信息通过短信等方式反馈至线路负责人。

c.分级保护启用下。

分级保护未配置 FA 启动条件时,通过主站人员监控、短信通知等方式获取故障信息,可参照半自动 FA 故障处理方式。

分级保护配置 FA 启动条件时,将配网线路所有具备级差保护出口开关的保护动作/事故总和开关分闸等遥信信息配置为 FA 启动条件,在故障发生后,级差保护完成故障切除,通过"开关分闸+保护动作/事故总"条件触发集中型 FA,根据 FTU/DTU 等上送的告警动作情况进行故障区间判断,实现故障区间隔离和非故障区域恢复供电。

通过分级保护配合一次或两次重合闸可判别并处理瞬时性故障及越级跳闸,从而恢复故障区域上游的供电。在就地保护完成故障切除,故障区域上游供电恢复的情况下,可由集中型 FA 完成故障区域完全隔离,并通过负荷转供恢复故障区域下游健全区域供电。

②接地故障处置策略。

配网终端应具备单相接地故障选线功能和选段功能,通常线路首台开关配置为选线模式,其余开关配置为选段模式,首台开关应该尽量靠近变电站出线开关,优先选第一个杆或者第一个站室。

对于小电阻接地系统,参照短路故障处理模式,利用零序电流保护,采用"级差保护+馈线自动化"配合,实现单相接地故障就近快速切除及非故障区域恢复供电。对于中性点不接地/经消弧线圈接地系统,利用小电流接地保护处置单相接地故障,采用一、二次融合开关接地故障判断保护出口启动 FA(当站内有选线装置跳闸时,亦应启动 FA),利用配网终端接地告警信息,定位故障区段,实现故障定位、隔离和非故障区段的恢复供电。

(2)故障处理流程图。

①单相接地故障处理流程如图 2.82 所示。

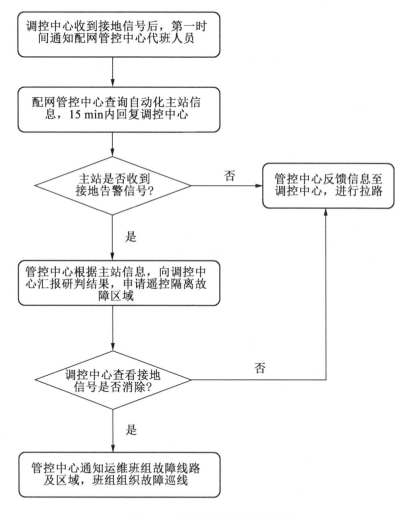

图 2.82　单相接地故障处理流程

②全线跳闸故障处理流程如图 2.83 所示。

③分级保护跳闸故障处理流程如图 2.84 所示。

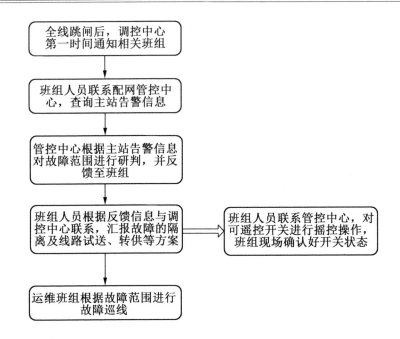

图 2.83　全线跳闸故障处理流程

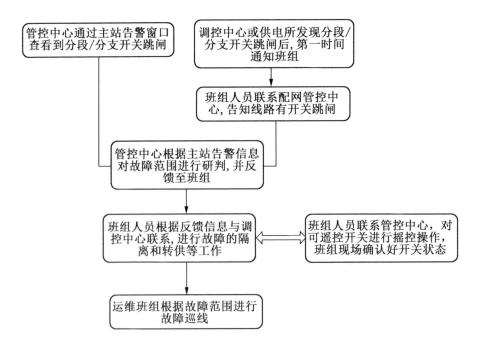

图 2.84　分级保护跳闸故障处理流程

第3章 配网短路故障自动化处理典型案例

3.1 10 kV 跨某线分级保护处置案例(分支开关)

3.1.1 故障停电整体情况

12月12日7时18分,10 kV 跨某线 97 号杆开关事故分闸。7 时 27 分,遥控试送 97 号杆开关,试送失败。7 时 42 分,班组巡视发现 10 kV 跨某线 97 号杆鸟窝。7 时 50 分,故障处理完毕,97 号杆开关试送成功。此次故障共计影响时户数 10,停电时长 0.53 h。10 kV 跨某线故障整体情况见表 3.1。

表 3.1 10 kV 跨某线故障整体情况

线路名称	停电时间	复电时间	停电时长	影响时户数
10 kV 跨某线	12-12 07:18	12-12 07:50	0.53 h	10

3.1.2 线路基本情况

(1)10 kV 跨某线一次设备情况。

10 kV 跨某线为 110 kV 跨某变 Ⅱ 段母线出线,线路全长 23.618 km,其中架空长度 23.207 km,电缆长度 0.411 km;线路杆塔共计 469 基;线路配变共计 64 台,其中综合变(柱上变)43 台,用户变(专变)21 台;线路开关(柱上开关)共计 10 台,包含 1 台长期转供线路的自动化开关。10 kV 跨某线一次设备情况见表 3.2。

表 3.2 10 kV 跨某线一次设备情况

线路名称	投运时间	线路长度	架空长度	导线型号	电缆长度	电缆型号
10 kV 跨某线	2019-01-14	23.618 km	23.207 km	JKLYJ-240/10	0.411 km	YJV22-3×400
	公网					用户
	配电房	箱变	环网柜	柱上变	柱上开关	专变
	无	无	无	43 台	10 台	21 台

(2)10 kV 跨某线二次设备情况。

10 kV 跨某线二次设备情况见表 3.3,10 kV 跨某线二次设备概况如图 3.1 所示。

表 3.3 10 kV 跨某线二次设备情况

终端名称	终端类型	开关类型
10 kV 东串场河桥 4018/4514 联络开关	非自动化	联络
10 kV 环镇桥 403K/4514 联络开关(自)	FTU	联络
10 kV 跨某线 105 号杆环桥村 5 号分段开关(自)	FTU	分段
10 kV 跨某线 109+27+11 号杆环桥村 2 号分路开关	非自动化	分支
10 kV 跨某线 109+27-1 号杆环桥村 3 号分路开关	非自动化	分支
10 kV 跨某线 109-8 号杆环桥村 6 号分段开关	非自动化	分段
10 kV 跨某线 110 号杆环桥村 4 号分段开关	非自动化	分段
10 kV 跨某线 72 号杆环南商店分段开关(融自)	FTU	分段
10 kV 跨某线 97 号杆环镇街分路开关(自)	FTU	分支
10 kV 十里墩村 4514/4516 联络开关	非自动化	联络

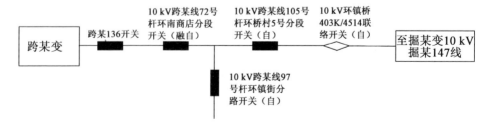

图 3.1 10 kV 跨某线二次设备概况

（3）10 kV 跨某线保护配置情况见表 3.4。

表 3.4 10 kV 跨某线保护配置情况

序号	开关名称	开关类型	是否自动化	是否启用分级保护跳闸	分级保护配置	是否启用小电流接地	是否启用录波
1	10 kV 东串场河桥 4018/4514 联络开关	联络	否	否	—	否	否
2	10 kV 环镇桥 403K/4514 联络开关(自)	联络	是	否	—	否	否
3	10 kV 跨某线 105 号杆环桥村 5 号分段开关(自)	分段	是	是	Ⅰ段 1 500 A/0.06 s/跳闸 Ⅱ段 400 A/0.4 s/跳闸	否	否
4	10 kV 跨某线 109+27+11 号杆环桥村 2 号分路开关	分支	否	否	—	否	否
5	10 kV 跨某线 109+27-1 号杆环桥村 3 号分路开关	分支	否	否	—	否	否
6	10 kV 跨某线 109-8 号杆环桥村 6 号分段开关	分段	否	否	—	否	否
7	10 kV 跨某线 110 号杆环桥村 4 号分段开关	分段	否	否	—	否	否
8	10 kV 跨某线 72 号杆环南商店分段开关(融自)	分段	是	否	Ⅰ段 2 000 A/0.15 s/跳闸 Ⅱ段 600 A/0.6 s/跳闸	是	是
9	10 kV 跨某线 97 号杆环镇街分路开关(自)	分支	是	是	Ⅰ段 1 500 A/0.06 s/跳闸 Ⅱ段 400 A/0.4 s/跳闸	否	否
10	10 kV 十里墩村 4514/4516 联络开关	联络	否	否	—	否	否

3.1.3 故障处置过程

(1)配网自动化信息。

7 时 18 分,10 kV 跨某线 72 号杆、97 号杆 FTU 过流一段告警,10 kV 跨某线 97 号杆开关事故分闸。7 时 27 分,遥控试送 10 kV 跨某线 97 号杆开关,试送失败。7 时 50 分,遥控合闸 10 kV 跨某线 97 号杆开关,全线恢复供电。10 kV 跨某线研判范围如图 3.2 所示,10 kV 跨某线主站 SOE 信息如图 3.3 所示,10 kV 跨某线 72 号杆终端录波图形如图 3.4 所示。

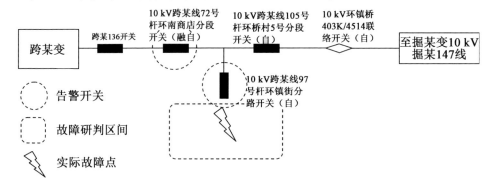

图 3.2　10 kV 跨某线研判范围

1	2022-12-12 07:18:56.721	10kV跨某线97号杆环镇街分路开关(自)故障总 10kV跨某136线 动作(SOE)(接收时间 2022年12月12日07时19分01秒)
2	2022-12-12 07:18:56.721	10kV跨某线97号杆环镇街分路开关(自)接地故障 10kV跨某136线 动作(SOE)(接收时间 2022年12月12日07时19分01秒)
3	2022-12-12 07:18:56.148	10kV跨某线72号杆环南商店分段开关(融自)故障总 10kV跨某136线 动作(SOE)(接收时间 2022年12月12日07时19分02秒)
4	2022-12-12 07:18:56.148	10kV跨某线72号杆环南商店分段开关(融自)过流保护告警 10kV跨某136线 动作(SOE)(接收时间 2022年12月12日07时19分02秒)
5	2022-12-12 07:18:56.148	10kV跨某线72号杆环南商店分段开关(融自)过流I段 10kV跨某136线 动作(SOE)(接收时间 2022年12月12日07时19分02秒)
6	2022-12-12 07:18:56.907	10kV跨某线97号杆环镇街分路开关(自)过流I段 10kV跨某136线 复归(SOE)(接收时间 2022年12月12日07时19分24秒)
7	2022-12-12 07:18:56.953	10kV跨某线97号杆环镇街分路开关(自)过流I段 10kV跨某136线 复归(SOE)(接收时间 2022年12月12日07时19分24秒)
8	2022-12-12 07:18:56.936	10kV跨某136线 10kV跨某线97号杆环镇街分路开关(自级)分闸(SOE)(接收时间 2022年12月12日07时19分24秒)
9	2022-12-12 07:18:58.415	10kV跨某线97号杆环镇街分路开关(自)双位置遥信 10kV跨某136线 分(SOE)(接收时间 2022年12月12日07时19分24秒)
10	2022-12-12 07:18:58.459	10kV跨某线97号杆环镇街分路开关(自)接地故障 10kV跨某136线 复归(SOE)(接收时间 2022年12月12日07时19分24秒)
11	2022-12-12 07:18:58.459	10kV跨某线97号杆环镇街分路开关(自)故障总 10kV跨某136线 复归(SOE)(接收时间 2022年12月12日07时19分24秒)
12	2022-12-12 07:19:02.008	10kV跨某线72号杆环南商店分段开关(融自)故障总 10kV跨某136线 复归(SOE)(接收时间 2022年12月12日07时19分08秒)
13	2022-12-12 07:19:02.008	10kV跨某线72号杆环南商店分段开关(融自)过流保护告警 10kV跨某136线 复归(SOE)(接收时间 2022年12月12日07时19分08秒)
14	2022-12-12 07:19:02.008	10kV跨某线72号杆环南商店分段开关(融自)过流I段 10kV跨某136线 动作(SOE)(接收时间 2022年12月12日07时30分05秒)
15	2022-12-12 07:30:00.946	10kV跨某线97号杆环镇街分路开关(自)弹簧未储能 10kV跨某136线 动作(SOE)(接收时间 2022年12月12日07时30分05秒)
16	2022-12-12 07:30:00.927	10kV跨某136线 10kV跨某线97号杆环镇街分路开关(自级)合闸(SOE)(接收时间 2022年12月12日07时30分05秒)
17	2022-12-12 07:30:01.593	10kV跨某线97号杆环镇街分路开关(自)双位置遥信 10kV跨某136线 复归(SOE)(接收时间 2022年12月12日07时30分05秒)
18	2022-12-12 07:30:01.875	10kV跨某线97号杆环镇街分路开关(自)故障总 10kV跨某136线 动作(SOE)(接收时间 2022年12月12日07时30分05秒)
19	2022-12-12 07:30:01.875	10kV跨某线97号杆环镇街分路开关(自)接地故障 10kV跨某136线 动作(SOE)(接收时间 2022年12月12日07时30分05秒)
20	2022-12-12 07:30:02.109	10kV跨某线97号杆环镇街分路开关(自)过流I段 10kV跨某136线 动作(SOE)(接收时间 2022年12月12日07时30分09秒)
21	2022-12-12 07:30:02.158	10kV跨某线97号杆环镇街分路开关(自)过流I段 10kV跨某136线 复归(SOE)(接收时间 2022年12月12日07时30分09秒)
22	2022-12-12 07:30:02.138	10kV跨某136线 10kV跨某线97号杆环镇街分路开关(自级)分闸(SOE)(接收时间 2022年12月12日07时30分09秒)
23	2022-12-12 07:30:02.263	10kV跨某线72号杆环南商店分段开关(融自)故障总 10kV跨某136线 动作(SOE)(接收时间 2022年12月12日07时30分10秒)
24	2022-12-12 07:30:02.263	10kV跨某线72号杆环南商店分段开关(融自)过流保护告警 10kV跨某136线 动作(SOE)(接收时间 2022年12月12日07时30分10秒)
25	2022-12-12 07:30:02.263	10kV跨某线72号杆环南商店分段开关(融自)过流I段 10kV跨某136线 动作(SOE)(接收时间 2022年12月12日07时30分10秒)
26	2022-12-12 07:30:03.595	10kV跨某线97号杆环镇街分路开关(自)双位置遥信 10kV跨某136线 动作(SOE)(接收时间 2022年12月12日07时30分11秒)
27	2022-12-12 07:30:03.663	10kV跨某线97号杆环镇街分路开关(自)接地故障 10kV跨某136线 复归(SOE)(接收时间 2022年12月12日07时30分11秒)
28	2022-12-12 07:30:03.663	10kV跨某线97号杆环镇街分路开关(自)故障总 10kV跨某136线 复归(SOE)(接收时间 2022年12月12日07时30分11秒)
29	2022-12-12 07:30:06.054	10kV跨某线97号杆环镇街分路开关(自)弹簧未储能 10kV跨某136线 复归(SOE)(接收时间 2022年12月12日07时30分12秒)
30	2022-12-12 07:30:08.003	10kV跨某线72号杆环南商店分段开关(融自)过流保护告警 10kV跨某136线 复归(SOE)(接收时间 2022年12月12日07时30分14秒)
31	2022-12-12 07:30:08.003	10kV跨某线72号杆环南商店分段开关(融自)故障总 10kV跨某136线 复归(SOE)(接收时间 2022年12月12日07时30分14秒)
32	2022-12-12 07:30:08.003	10kV跨某线72号杆环南商店分段开关(融自)过流I段 10kV跨某136线 复归(SOE)(接收时间 2022年12月12日07时30分14秒)

图 3.3　10 kV 跨某线主站 SOE 信息

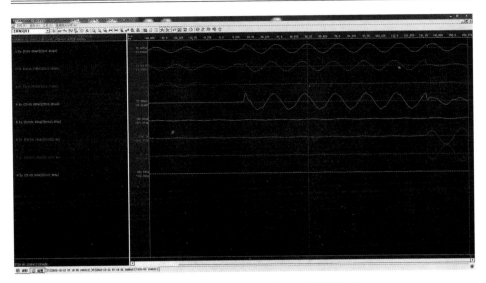

图 3.4　10 kV 跨某线 72 号杆终端录波图形

从图 3.4 中可以看出,7 时 18 分,10 kV 跨某线 72 号杆开关后段 C 相发生接地,持续约 1.2 s 后转为 BC 相短路,故障电流约为 2 200 A,10 kV 跨某线 72 号杆 FTU 过流一段定值为 2 000 A/150 ms,过流告警不以时间作为判据,超过保护定值即告警,该问题目前已通过软件升级解决。10 kV 跨某线 97 号杆过流一段定值为 1 500 A/60 ms,因投运时间较早未开启录波功能,动作时限小于 72 号杆终端,故先进行事故分闸隔离故障。

(2)故障处理过程。

①2022 年 12 月 12 日 7 时 18 分,10 kV 跨某线 72 号杆开关及 97 号杆开关过流一段告警,10 kV 跨某线 97 号杆开关事故分闸,管控中心研判故障点在 97 号杆后段。

②2022 年 12 月 12 日 7 时 25 分,派两组人出发巡视 10 kV 跨某线 97 号杆开关分支线路。

③2022 年 12 月 12 日 7 时 27 分,管控中心试送 10 kV 跨某线 97 号杆开关,试送失败。

④2022 年 12 月 12 日 7 时 42 分,班组巡视发现 10 kV 跨某线 97 号杆有鸟窝,现场故障图如图 3.5 所示。

⑤2022 年 12 月 12 日 7 时 50 分,故障处理完毕,遥控合闸 10 kV 跨某线 97 号杆开关,全线恢复供电。

图 3.5　10 kV 跨某线现场故障图

3.1.4　技术应用场景

　　此次 10 kV 跨某线故障处理技术适用于半自动 FA 线路,通过对分支开关投运分级保护线可避免故障造成全线停电。若分支开关事故分闸,则可利用遥控合闸对线路进行试送,从而可避免瞬时性故障造成线路长时间停电。若为永久故障,则可通过遥控对故障区间进行隔离及恢复非故障区域供电。

3.2　10 kV 港某线分级保护处置案例(分段开关)

3.2.1　故障停电整体情况

　　12 月 9 日 23 时 49 分,10 kV 港某线 101 号杆开关事故分闸。23 时 54 分,遥控试送 101 号杆开关后再次事故分闸,后遥控分闸 113 号杆隔离故障区间。12 月 10 日 0 时 41 分就地合上三沿村 4049/404F 联络开关,非故障区域恢复供电。0 时 55 分巡视发现故障点,处理后全线恢复供电,线路恢复至原供电方式。此次故障共计影响时户数 38,停电时长 1.6 h。10 kV 港某线故障整体情况见表 3.5。

表 3.5　10 kV 港某线故障整体情况

线路名称	停电时间	复电时间	停电时长	影响时户数
10 kV 港某线	12-09 23:49	12-10 01:24	1.6 h	38

3.2.2　线路基本情况

(1)10 kV 港某线一次设备情况。

10 kV 港某线为 110 kV 治某变Ⅲ段母线出线,线路全长 13.978 km,其中架空长度 13.546 km,电缆长度 0.441 km;线路杆塔共计 262 基;线路配变共计 44 台,其中综合变(柱上变)15 台,用户变(专变)29 台;线路开关(柱上开关)共计 13 台,包含 1 台长期转供线路的自动化开关。10 kV 港某线一次设备情况见表 3.6。

表 3.6　10 kV 港某线一次设备情况

线路名称	投运时间	线路长度	架空长度	导线型号	电缆长度	电缆型号
10 kV 港某线	2017-01-02	13.978 km	13.546 km	JKLYJ-240/10	0.441 km	YJV22-3×400
	公网				用户	
	配电房	箱变	环网柜	柱上变	柱上开关	专变
	无	无	无	15 台	13 台	29 台

(2)10 kV 港某线二次设备情况。

10 kV 港某线二次设备情况见表 3.7,10 kV 港某线二次设备概况如图 3.6 所示。

表 3.7　10 kV 港某线二次设备情况

终端名称	终端类型	开关类型
10 kV 港某线 101 号杆华羽织造分段开关(融自)	FTU	分段
10 kV 港某线 104+1 号杆宝岛分路开关(自)	FTU	分支
10 kV 港某线 104-1 号杆天源分路开关	非自动化	分支
10 kV 港某线 104-5 号杆宝鸿分路开关	非自动化	分支
10 kV 港某线 107-3+1 号杆陈晔分路开关	非自动化	分支
10 kV 港某线 107-4+4 号杆亨惠棉品分路开关	非自动化	分支

续表 3.7

终端名称	终端类型	开关类型
10 kV 港某线 107-4+7 号杆神一分路开关	非自动化	分支
10 kV 港某线 113 号杆七里镇村 2 号分段开关(融自)	FTU	分段
10 kV 港某线 82 号杆工业区分段开关(融自)	FTU	分段
10 kV 港某线 93-1 号杆力源分路开关	非自动化	分支
10 kV 港某线 97-2 号杆中意纺织分路开关	非自动化	分支
10 kV 马东村 4047/404F 联络开关	非自动化	联络
10 kV 三沿村 4049/404F 联络开关	非自动化	联络

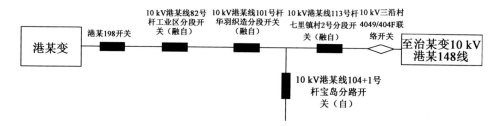

图 3.6　10 kV 港某线二次设备概况

(3)10 kV 港某线保护配置情况见表 3.8。

表 3.8　10 kV 港某线保护配置情况

序号	开关名称	开关类型	是否自动化	分级保护配置	是否启用小电流接地	是否启用录波
1	10 kV 港某线 101 号杆华羽织造分段开关(融自)	分段	是	I 段 1 800 A/0.06 s/跳闸 II 段 500 A/0.3 s/跳闸	是	是
2	10 kV 港某线 104+1 号杆宝岛分路开关(自)	分支	否	—	否	否
3	10 kV 港某线 104-1 号杆天源分路开关	分支	否	—	否	否
4	10 kV 港某线 104-5 号杆宝鸿分路开关	分支	否	—	否	否

续表 3.8

序号	开关名称	开关类型	是否自动化	分级保护配置	是否启用小电流接地	是否启用录波
5	10 kV 港某线 107-3+1 号杆陈晔分路开关	分支	否	—	否	否
6	10 kV 港某线 107-4+4 号杆亨惠棉品分路开关	分支	否	—	否	否
7	10 kV 港某线 107-4+7 号杆神一分路开关	分支	否	—	是	是
8	10 kV 港某线 113 号杆七里镇村 2 号分段开关(融自)	分段	是	I 段 1 500 A/0 s/跳闸 II 段 400 A/0.2 s/跳闸	是	是
9	10 kV 港某线 82 号杆工业区分段开关(融自)	分段	是	I 段 1 200 A/0.06 s/告警 II 段 600 A/0.3 s/告警	是	是
10	10 kV 港某线 93-1 号杆力源分路开关	分支	否	—	否	否
11	10 kV 港某线 97-2 号杆中意纺织分路开关	分支	否	—	否	否
12	10 kV 马东村 4047/404F 联络开关	联络	否	—	否	否
13	10 kV 三沿村 4049/404F 联络开关	联络	否	—	否	否

3.2.3　故障处置过程

(1)配网自动化信息。

12 月 9 日 23 时 49 分,主站收到 10 kV 港某线 82 号杆、101 号杆 FTU 报送的过流一段告警信息,随后 101 号杆 FTU 上送事故分闸信息。23 时 54 分,遥控试送 101 号杆开关后,10 kV 港某线 82 号杆、101 号杆 FTU 继续报送过流一段告警信息,101 号杆开关再次事故分闸,试送失败。后遥控分闸 113 号杆开关,隔离故障点。10 kV 港某线研判范围如图 3.7 所示,10 kV 港某线主站 SOE 信息如图 3.8 所示,10 kV 港某线 101 号杆终端录波图形如图 3.9 所示。

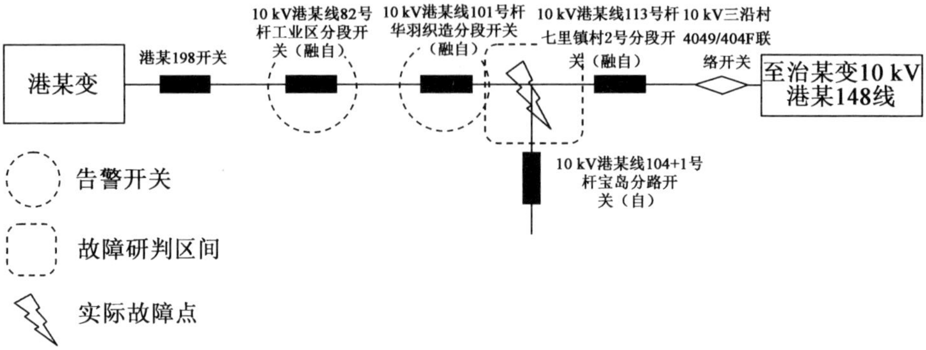

图 3.7 10 kV 港某线研判范围

1	2022-12-09 23:48:42.280 10kV港某198线 10kV港某线101号杆华羽织造分段开关(融自级) 分闸(SOE) (接收时间 2022年12月09日23时48分47秒)
2	2022-12-09 23:48:42.283 10kV港某线101号杆华羽织造分段开关(融自)双位置遥信 10kV港某198线 复归(SOE) (接收时间 2022年12月09日23时48分48秒)
3	2022-12-09 23:48:42.775 10kV港某线101号杆华羽织造分段开关(融自)故障总 10kV港某198线 动作(SOE) (接收时间 2022年12月09日23时48分51秒)
4	2022-12-09 23:48:42.775 10kV港某线101号杆华羽织造分段开关(融自)过流保护告警 10kV港某198线 动作(SOE) (接收时间 2022年12月09日23时48分51秒)
5	2022-12-09 23:48:42.775 10kV港某线101号杆华羽织造分段开关(融自)过流I段 10kV港某198线 动作(SOE) (接收时间 2022年12月09日23时48分51秒)
6	2022-12-09 23:48:42.810 10kV港某线101号杆华羽织造分段开关(融自)动作原因：过流保护动作 10kV港某198线 动作(SOE) (接收时间 2022年12月09日23时48分56秒)
7	2022-12-09 23:48:42.810 10kV港某线101号杆华羽织造分段开关(融自)动作原因：过流I段 10kV港某198线 动作(SOE) (接收时间 2022年12月09日23时48分56秒)
8	2022-12-09 23:48:42.810 10kV港某线101号杆华羽织造分段开关(融自)开关本体保护动作 10kV港某198线 动作(SOE) (接收时间 2022年12月09日23时48分56秒)
9	2022-12-09 23:48:43.606 10kV港某线82号杆工业区分段开关(融自)故障总 10kV港某198线 动作(SOE) (接收时间 2022年12月09日23时48分48秒)
10	2022-12-09 23:48:43.606 10kV港某线82号杆工业区分段开关(融自)过流保护告警 10kV港某198线 动作(SOE) (接收时间 2022年12月09日23时48分48秒)
11	2022-12-09 23:48:43.606 10kV港某线82号杆工业区分段开关(融自)过流I段 10kV港某198线 动作(SOE) (接收时间 2022年12月09日23时48分48秒)
12	2022-12-09 23:48:54.006 10kV港某线113号杆七里镇村2号分段开关(融自)有压鉴别 10kV港某198线 复归(SOE) (接收时间 2022年12月09日23时48分59秒)
13	2022-12-09 23:49:12.014 10kV港某线101号杆华羽织造分段开关(融自)动作原因：过流保护动作 10kV港某198线 复归(SOE) (接收时间 2022年12月09日23时49分19秒)
14	2022-12-09 23:49:12.014 10kV港某线101号杆华羽织造分段开关(融自)动作原因：过流I段 10kV港某198线 复归(SOE) (接收时间 2022年12月09日23时49分19秒)
15	2022-12-09 23:49:12.014 10kV港某线101号杆华羽织造分段开关(融自)开关本体保护动作 10kV港某198线 复归(SOE) (接收时间 2022年12月09日23时49分19秒)
16	2022-12-09 23:49:13.014 10kV港某线101号杆华羽织造分段开关(融自)故障总 10kV港某198线 复归(SOE) (接收时间 2022年12月09日23时49分19秒)
17	2022-12-09 23:49:13.014 10kV港某线101号杆华羽织造分段开关(融自)过流保护告警 10kV港某198线 复归(SOE) (接收时间 2022年12月09日23时49分19秒)
18	2022-12-09 23:49:13.014 10kV港某线101号杆华羽织造分段开关(融自)过流I段 10kV港某198线 复归(SOE) (接收时间 2022年12月09日23时49分19秒)
19	2022-12-09 23:49:14.005 10kV港某线82号杆工业区分段开关(融自)故障总 10kV港某198线 复归(SOE) (接收时间 2022年12月09日23时49分19秒)
20	2022-12-09 23:49:14.005 10kV港某线82号杆工业区分段开关(融自)过流保护告警 10kV港某198线 复归(SOE) (接收时间 2022年12月09日23时49分19秒)
21	2022-12-09 23:49:14.005 10kV港某线82号杆工业区分段开关(融自)过流I段 10kV港某198线 复归(SOE) (接收时间 2022年12月09日23时49分19秒)
22	2022-12-09 23:49:44.003 10kV港某线113号杆七里镇村2号分段开关(融自)交流失电 10kV港某198线 动作(SOE) (接收时间 2022年12月09日23时49分49秒)
23	2022-12-09 23:53:32.649 10kV港某线101号杆华羽织造分段开关(融自)动作原因:开关远方操作 10kV港某198线 动作(SOE) (接收时间 2022年12月09日23时53分39秒)
24	2022-12-09 23:53:32.653 10kV港某线101号杆华羽织造分段开关(融自)双位置遥信 10kV港某198线 动作(SOE) (接收时间 2022年12月09日23时53分42秒)
25	2022-12-09 23:53:32.653 10kV港某198线 10kV港某线101号杆华羽织造分段开关(融自级) 合闸(SOE) (接收时间 2022年12月09日23时53分43秒)
26	2022-12-09 23:53:32.913 10kV港某198线 10kV港某线101号杆华羽织造分段开关(融自级) 分闸(SOE) (接收时间 2022年12月09日23时53分44秒)
27	2022-12-09 23:53:32.915 10kV港某线101号杆华羽织造分段开关(融自)双位置遥信 10kV港某198线 复归(SOE) (接收时间 2022年12月09日23时53分46秒)
28	2022-12-09 23:53:33.416 10kV港某线101号杆华羽织造分段开关(融自)故障总 10kV港某198线 动作(SOE) (接收时间 2022年12月09日23时53分48秒)
29	2022-12-09 23:53:33.416 10kV港某线101号杆华羽织造分段开关(融自)过流保护告警 10kV港某198线 动作(SOE) (接收时间 2022年12月09日23时53分48秒)
30	2022-12-09 23:53:33.416 10kV港某线101号杆华羽织造分段开关(融自)过流I段 10kV港某198线 动作(SOE) (接收时间 2022年12月09日23时53分48秒)
31	2022-12-09 23:53:33.452 10kV港某线101号杆华羽织造分段开关(融自)动作原因：过流保护动作 10kV港某198线 动作(SOE) (接收时间 2022年12月09日23时53分53秒)
32	2022-12-09 23:53:33.452 10kV港某线101号杆华羽织造分段开关(融自)动作原因：过流I段 10kV港某198线 动作(SOE) (接收时间 2022年12月09日23时53分53秒)

图 3.8 10 kV 港某线主站 SOE 信息

从图 3.9 中可以看出,10 kV 港某线 101 号杆后段发生 BC 相短路故障,故障电流约 2 300 A,10 kV 港某线 101 号杆 FTU 过流一段保护定值为 1 800 A/60 ms,保护正常启动。

(2)故障处理过程。

①2022 年 12 月 9 日 23 时 49 分,10 kV 港某线 82 号杆、101 号杆终端过流一段告警,10 kV 港某线 101 号杆开关事故分闸,管控中心研判故障区间为 10 kV 港某线 101 号杆至 113 号杆之间线路段。

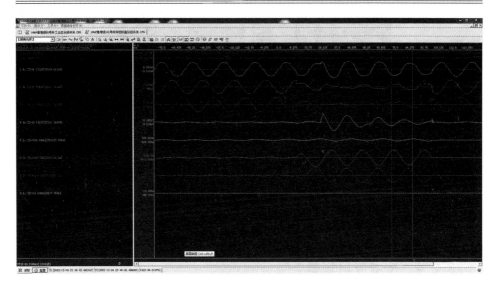

图 3.9　10 kV 港某线 101 号杆终端录波图形

②2022 年 12 月 9 日 23 时 54 分,遥控试送 10 kV 港某线 101 号杆开关,试送失败。将 113 号杆开关遥控分闸隔离故障区段。

③2022 年 12 月 9 日 23 时 59 分,现场组织抢修人员分三组进行故障处置,一组去 10 kV 港某线与 10 kV 港某线联络开关处合上非自动化联络开关,另外两组巡视 10 kV 港某线 101 号杆至 113 号杆之间线路。

④2022 年 12 月 10 日 0 时 41 分,班组人员就地合上后段非自动化联络开关,10 kV 港某线 113 号杆后段调由其他线路供电。

⑤2022 年 12 月 10 日 0 时 55 分,班组人员巡视发现 10 kV 港某线 107-4+4-1 号杆用户开关上有树枝,引起开关跳闸,立即进行清理,现场故障图如图 3.10 所示。

⑥2022 年 12 月 10 日 1 时 24 分,10 kV 港某线 101 号杆开关遥控试送成功,全线恢复供电。

图 3.10　10 kV 港某线 107-4+4-1 号杆现场故障图

3.2.4　技术应用场景

此次 10 kV 港某线故障处理技术适用于半自动 FA 线路,通过投运分级保护线可避免故障造成全线停电。在线路馈线自动化未有效覆盖实现全自动 FA 功能时,可对分段开关配置分级保护。若分段开关事故分闸,则可通过遥控合闸对线路进行试送,从而可避免瞬时性故障造成线路长时间停电。若为永久故障,则可通过遥控对故障区间进行隔离及恢复非故障区域供电。

3.3　10 kV 古某线分级保护试送成功案例

3.3.1　故障停电整体情况

11 月 28 日 14 时 35 分,10 kV 古某线 185 号杆开关事故分闸,管控中心研判故障点在 10 kV 古某线 185 号杆至三联村 405A/425I 联络开关之间。14 时 43 分与班组联系后,考虑到故障时刻为雷暴天气,对 185 号杆开关进行遥控试送,试送成功。此次故障共计影响时户数 2.5,停电时长 0.13 h。10 kV 古某线故障整体情况见表 3.9。

表 3.9　10 kV 古某线故障整体情况

线路名称	停电时间	复电时间	停电时长	影响时户数
10 kV 古某线	11-28 14:35	11-28 14:43	0.13 h	2.5

3.3.2　线路基本情况

(1)10 kV 古某线一次设备情况。

10 kV 古某线为 110 kV 古某变Ⅳ段母线出线,线路全长 28.386 km,其中架空长度 28.019 km,电缆长度 0.367 km;线路杆塔共计 551 基;线路配变共计 64 台,其中综合变(柱上变)49 台,用户变(专变)15 台;线路开关(柱上开关)共计 9 台。10 kV 古某线一次设备情况见表 3.10。

表 3.10　10 kV 古某线一次设备情况

线路名称	投运时间	线路长度	架空长度	导线型号	电缆长度	电缆型号
10 kV 古某线	2021-06-06	28.386 km	28.019 km	JKLYJ-240/10	0.367 km	YJV22-3×400
	公网					用户
	配电房	箱变	环网柜	柱上变	柱上开关	专变
	无	无	无	49 台	9 台	15 台

(2)10 kV 古某线二次设备情况。

10 kV 古某线二次设备情况见表 3.11,10 kV 古某线二次设备概况如图 3.11 所示。

表 3.11　10 kV 古某线二次设备情况

终端名称	终端类型	开关类型
10 kV 坝南村 4253/425I 联络开关(自)	FTU	分段
10 kV 古某线 102 号杆环宇体育分路开关	非自动化	分支
10 kV 古某线 106 号杆坝南村 1 号分段开关(融自)	FTU	分段
10 kV 古某线 12 号杆振河村 6 号分段开关(自)	FTU	分段
10 kV 古某线 146 号杆坝南村 2 号分段开关(融自)	FTU	分段
10 kV 古某线 185 号杆三联村 1 号分段开关(融自)	FTU	分段
10 kV 古某线 95 号杆坝南村 3 号分段开关(融自)	FTU	分段
10 kV 龙凤村 404B/425I 联络开关	非自动化	联络
10 kV 三联村 405A/425I 联络开关(自)	FTU	联络

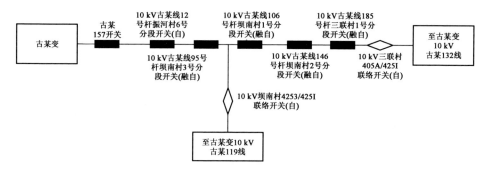

图 3.11　10 kV 古某线二次设备概况

（3）10 kV 古某线保护配置情况见表 3.12。

表 3.12　10 kV 古某线保护配置情况

序号	开关名称	开关类型	是否自动化	是否启用分级保护跳闸	分级保护配置	是否启用小电流接地	是否启用录波
1	10 kV 坝南村 4253/425I 联络开关（自）	分段	是	否	—	否	否
2	10 kV 古某线 102 号杆环宇体育分路开关	分支	否	否	—	否	否
3	10 kV 古某线 106 号杆坝南村 1 号分段开关（融自）	分段	是	否	I 段 1 800 A/0.2 s/跳闸 II 段 550 A/0.6 s/跳闸	否	否
4	10 kV 古某线 12 号杆振河村 6 号分段开关（自）	分段	是	否	I 段 2 400 A/0.2 s/告警 II 段 600 A/0.6 s/告警	否	否
5	10 kV 古某线 146 号杆坝南村 2 号分段开关（融自）	分段	是	是	I 段 1 500 A/0.1 s/跳闸 II 段 480 A/0.45 s/跳闸	否	否
6	10 kV 古某线 185 号杆三联村 1 号分段开关（融自）	分段	是	是	I 段 1 200 A/0 s/跳闸 II 段 360 A/0.3 s/跳闸	否	否
7	10 kV 古某线 95 号杆坝南村 3 号分段开关（融自）	分段	是	否	I 段 2 000 A/0.2 s/告警 II 段 600 A/0.6 s/告警	是	是

续表 3.12

序号	开关名称	开关类型	是否自动化	启用分级保护跳闸	分级保护配置	是否启用小电流接地	是否启用录波
8	10 kV 龙凤村 404B/425I 联络开关	联络	否	否	—	否	否
9	10 kV 三联村 405A/425I 联络开关(自)	联络	是	否	—	否	否

①分级保护配置。10 kV 古某线已投运分级保护,配置四级保护。其中 12 号杆、95 号杆开关只投入告警功能。106 号杆、145 号杆、185 号杆开关过流保护配置级差。

②接地保护配置。110 kV 古某变Ⅳ段母线为经消弧线圈接地方式,终端均投运小电流接地保护告警功能,动作未投入。设备带夹角判断功能为退出,接地暂态使能功能为投入。10 kV 古某线 12 号杆振河村 6 号分段开关未投运小电流接地保护,仅投运零序过流告警功能,动作未投入。

3.3.3　故障处置过程

(1)配网自动化信息。

11 月 28 日 14 时 35 分,10 kV 古某线 185 号杆过流一段告警并事故分闸,研判故障点在古某线 185 号杆至三联村 405A/425I 联络开关之间。14 时 43 分与班组联系后,考虑到故障时刻为雷暴天气,对 185 号杆开关进行遥控试送,试送成功。10 kV 古某线研判范围如图 3.12 所示,10 kV 古某线主站 SOE 信息如图 3.13 所示,10 kV 古某线 185 号杆终端录波图形如图 3.14 所示。

从图 3.14 中可以看出,14 时 35 分,10 kV 古某线 185 号杆后段出现 AB 相间短路,故障电流约 1 400 A。古某线 185 号杆过流一段定值为 1 200 A/0 ms、过流二段定值为 360 A/300 ms,保护正常启动。

(2)故障处理过程。

①2022 年 11 月 28 日 14 时 35 分,10 kV 古某线 185 号杆 FTU 上报过流一段告警,185 号杆开关事故分闸,管控中心研判故障点在古某线 185 号杆至三联

村 405A/425I 联络开关之间。

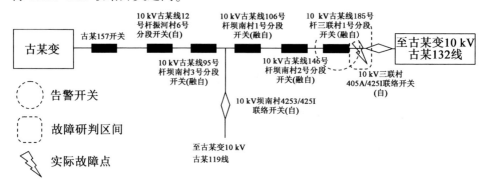

图 3.12　10 kV 古某线研判范围

1	2022-11-28 11:44:14.000 10kV三联村405A/425I联络开关(自)FTU蓄电池活化状态 10kV古某157线 动作(SOE) (接收时间 2022年11月28日11时44分17秒)
2	2022-11-28 14:35:03.183 10kV古某线157线 10kV古某线185号杆三联村1号分段开关(融自级) 分闸(SOE) (接收时间 2022年11月28日14时35分10秒)
3	2022-11-28 14:35:03.186 10kV古某线185号杆三联村1号分段开关(融自)双位置遥信 10kV古某157线(SOE) (接收时间 2022年11月28日14时35分11秒)
4	2022-11-28 14:35:03.667 10kV古某线185号杆三联村1号分段开关(融自)故障总 10kV古某157线 动作(SOE) (接收时间 2022年11月28日14时35分14秒)
5	2022-11-28 14:35:03.667 10kV古某线185号杆三联村1号分段开关(融自)过流保护告警 10kV古某157线 动作(SOE) (接收时间 2022年11月28日14时35分14秒)
6	2022-11-28 14:35:03.667 10kV古某线185号杆三联村1号分段开关(融自)过流I段 10kV古某157线 动作(SOE) (接收时间 2022年11月28日14时35分14秒)
7	2022-11-28 14:35:03.715 10kV古某线185号杆三联村1号分段开关(融自)动作原因:过流保护动作 10kV古某157线 动作(SOE) (接收时间 2022年11月28日14时35分17秒)
8	2022-11-28 14:35:03.715 10kV古某线185号杆三联村1号分段开关(融自)动作原因:过流I段 10kV古某157线 动作(SOE) (接收时间 2022年11月28日14时35分17秒)
9	2022-11-28 14:35:03.715 10kV古某线185号杆三联村1号分段开关(融自)开关本体保护动作 10kV古某157线 动作(SOE) (接收时间 2022年11月28日14时35分17秒)
10	2022-11-28 14:35:04.808 10kV古某线146号杆坝南村2号分段开关(融自)故障总 10kV古某157线 动作(SOE) (接收时间 2022年11月28日14时35分11秒)
11	2022-11-28 14:35:04.808 10kV古某线146号杆坝南村2号分段开关(融自)过流保护告警 10kV古某157线 动作(SOE) (接收时间 2022年11月28日14时35分11秒)
12	2022-11-28 14:35:04.808 10kV古某线146号杆坝南村2号分段开关(融自)过流I段 10kV古某157线 动作(SOE) (接收时间 2022年11月28日14时35分11秒)
13	2022-11-28 14:35:04.532 10kV古某线106号杆坝南村1号分段开关(融自)故障总 10kV古某157线 动作(SOE) (接收时间 2022年11月28日14时35分13秒)
14	2022-11-28 14:35:04.532 10kV古某线106号杆坝南村1号分段开关(融自)过流保护告警 10kV古某157线 动作(SOE) (接收时间 2022年11月28日14时35分13秒)
15	2022-11-28 14:35:04.532 10kV古某线106号杆坝南村1号分段开关(融自)过流I段 10kV古某157线 动作(SOE) (接收时间 2022年11月28日14时35分13秒)
16	2022-11-28 14:35:08.008 10kV古某线185号杆三联村1号分段开关(融自)动作原因:过流段动作 10kV古某157线 复归(SOE) (接收时间 2022年11月28日14时35分18秒)
17	2022-11-28 14:35:08.008 10kV古某线185号杆三联村1号分段开关(融自)动作原因:过流I段 10kV古某157线 复归(SOE) (接收时间 2022年11月28日14时35分18秒)
18	2022-11-28 14:35:08.008 10kV古某线185号杆三联村1号分段开关(融自)开关本体保护动作 10kV古某157线 复归(SOE) (接收时间 2022年11月28日14时35分18秒)
19	2022-11-28 14:35:09.008 10kV古某线185号杆三联村1号分段开关(融自)故障总 10kV古某157线 复归(SOE) (接收时间 2022年11月28日14时35分20秒)
20	2022-11-28 14:35:09.008 10kV古某线185号杆三联村1号分段开关(融自)过流保护告警 10kV古某157线 复归(SOE) (接收时间 2022年11月28日14时35分20秒)
21	2022-11-28 14:35:09.008 10kV古某线185号杆三联村1号分段开关(融自)过流I段 10kV古某157线 复归(SOE) (接收时间 2022年11月28日14时35分20秒)
22	2022-11-28 14:35:11.012 10kV古某线106号杆坝南村1号分段开关(融自)故障总 10kV古某157线 复归(SOE) (接收时间 2022年11月28日14时35分18秒)
23	2022-11-28 14:35:11.012 10kV古某线106号杆坝南村1号分段开关(融自)过流保护告警 10kV古某157线 复归(SOE) (接收时间 2022年11月28日14时35分18秒)
24	2022-11-28 14:35:11.012 10kV古某线106号杆坝南村1号分段开关(融自)过流I段 10kV古某157线 复归(SOE) (接收时间 2022年11月28日14时35分18秒)
25	2022-11-28 14:35:11.009 10kV古某线146号杆坝南村2号分段开关(融自)故障总 10kV古某157线 复归(SOE) (接收时间 2022年11月28日14时35分19秒)
26	2022-11-28 14:35:11.009 10kV古某线146号杆坝南村2号分段开关(融自)过流保护告警 10kV古某157线 复归(SOE) (接收时间 2022年11月28日14时35分19秒)
27	2022-11-28 14:35:11.009 10kV古某线146号杆坝南村2号分段开关(融自)过流I段 10kV古某157线 复归(SOE) (接收时间 2022年11月28日14时35分19秒)
28	2022-11-28 14:43:12.372 10kV古某线185号杆三联村1号分段开关(融自)开关远方操作 10kV古某157线 动作(SOE) (接收时间 2022年11月28日14时43分19秒)
29	2022-11-28 14:43:12.374 10kV古某线185号杆三联村1号分段开关(融自)弹簧未储能 10kV古某157线 动作(SOE) (接收时间 2022年11月28日14时43分21秒)
30	2022-11-28 14:43:12.376 10kV古某线185号杆三联村1号分段开关(融自)双位置遥信 10kV古某157线 动作(SOE) (接收时间 2022年11月28日14时43分21秒)
31	2022-11-28 14:43:12.376 10kV古某157线 10kV古某线185号杆三联村1号分段开关(融自) 合闸(SOE) (接收时间 2022年11月28日14时43分23秒)

图 3.13　10 kV 古某线主站 SOE 信息

　　②2022 年 11 月 28 日 14 时 43 分,与班组联系后考虑到故障时为雷暴天气,对 185 号杆开关进行遥控试送。

　　③2022 年 11 月 28 日 14 时 44 分,试送成功,通知班组巡视。

　　④2022 年 11 月 28 日 15 时 30 分,巡视结束,未发现异常。

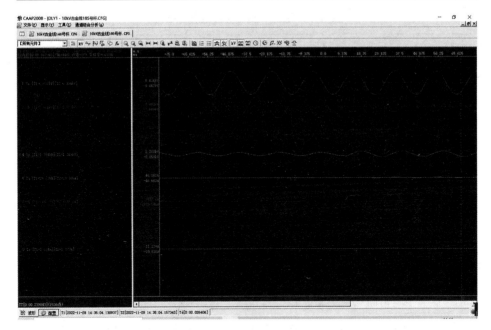

图 3.14　10 kV 古某线 185 号杆终端录波图形

3.3.4　技术应用场景

此次 10 kV 古某线故障处理技术适用于半自动 FA 线路,通过投运分级保护线可避免故障造成全线停电。在遇到雷击等特殊天气时,可利用遥控合闸对线路进行试送,避免瞬时性故障造成线路长时间停电。

3.4　10 kV 兵某线越级跳闸处置案例

3.4.1　故障停电整体情况

2022 年 1 月 4 日 23 时 32 分,10 kV 兵某线 93+25−16+13 号杆、10 kV 兵某线 93+25−8 号杆同时事故分闸,10 kV 兵某线 93+25−8 号杆开关重合闸成功,缩小了故障停电范围。配网管控中心研判故障点在兵某线 93+25−16+13 号杆后段。7 时 21 分,班组巡视发现兵某线 93+25−16+22+5 号杆有鸟窝,处理后线路恢复正常。10 kV 兵某线故障整体情况见表 3.13。

表 3.13　10 kV 兵某线故障整体情况

线路名称	停电时间	复电时间	停电时长	影响时户数
10 kV 兵某线	01-04 23:32	01-05 07:21	7.8 h	117

3.4.2　线路基本情况

(1)10 kV 兵某线一次设备情况。

10 kV 兵某线为 35 kV 兰某变Ⅱ段母线出线,线路全长 30.746 km,其中架空长度 30.421 km,电缆长度 0.325 km;线路杆塔共计 547 基;线路配变共计 80台,其中综合变(柱上变)63 台,用户变(专变)17 台;线路开关(柱上开关)共计9 台。10 kV 兵某线一次设备情况见表 3.14。

表 3.14　10 kV 兵某线一次设备情况

线路名称	投运时间	线路长度	架空长度	导线型号	电缆长度	电缆型号
10 kV 兵某线	2021-06-11	30.746 km	30.421 km	JKLYJ-240/10	0.325 km	YJV22-3×400
	公网				用户	
	配电房	箱变	环网柜	柱上变	柱上开关	专变
	无	无	无	63 台	9 台	17 台

(2)10 kV 兵某线二次设备情况。

10 kV 兵某线二次设备情况见表 3.15,10 kV 兵某线二次设备概况如图3.15 所示。

表 3.15　10 kV 兵某线二次设备情况

终端名称	终端类型	开关类型
10 kV 佰安村 4082/4085 联络开关(融自)	FTU	联络
10 kV 兵某线 10 号杆新南村分段开关	非自动化	分段
10 kV 兵某线 122 号杆王荃村分路开关(融自级)	FTU	分支
10 kV 兵某线 93+10 号杆丁店镇 2 号分段开关(融自级)	FTU	分段
10 kV 兵某线 93+25-16+13 号杆 丰港村 2 号分路开关(融自级)	FTU	分支

续表 3.15

终端名称	终端类型	开关类型
10 kV 兵某线 93+25-8 号杆 丰港村 1 号分路开关(融自级)	FTU	分支
10 kV 兵某线 93 号杆协和村 2 号分段开关(自)	FTU	分段
10 kV 兵某线 99 号杆丁店镇分段开关(自)	FTU	分段
10 kV 丁店镇 4085/4287 联络开关	非自动化	联络

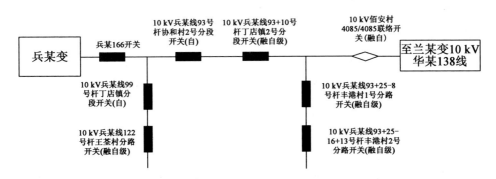

图 3.15　10 kV 兵某线二次设备概况

(3)10 kV 兵某线保护配置情况见表 3.16。

表 3.16　10 kV 兵某线保护配置情况

序号	开关 名称	开关 类型	是否 自动 化	是否 启用 分级 保护 跳闸	分级保护配置	是否启 用小电 流接地	是否 启用 录波
1	10 kV 佰安村 4082/4085 联络 开关(融自)	联络	是	否	—	是	是
2	10 kV 兵某线 10 号杆新南村 分段开关	分段	否	否	—	否	否
3	10 kV 兵某线 122 号杆王荃村 分路开关(融自级)	分支	是	是	Ⅰ 段 1 600 A/0.1 s/跳闸 Ⅱ 段 480 A/0.45 s/跳闸	是	是

续表 3.16

序号	开关名称	开关类型	是否自动化	是否启用分级保护跳闸	分级保护配置	是否启用小电流接地	是否启用录波
4	10 kV 兵某线 93+10 号杆丁店镇 2 号分段开关(融自级)	分段	是	是	Ⅰ段 1 800 A/0.1 s/跳闸 Ⅱ段 600 A/0.45 s/跳闸	是	是
5	10 kV 兵某线 93+25-16+13 号杆丰港村 2 号分路开关(融自级)	分支	是	是	Ⅰ段 900 A/0 s/跳闸 Ⅱ段 240 A/0.3 s/跳闸	是	是
6	10 kV 兵某线 93+25-8 号杆丰港村 1 号分路开关(融自级)	分支	是	是	Ⅰ段 1 200 A/0 s/跳闸 Ⅱ段 360 A/0.3 s/跳闸	是	是
7	10 kV 兵某线 93 号杆协和村 2 号分段开关(自)	分段	是	是	Ⅰ段 1 800 A/0.2 s/跳闸 Ⅱ段 600 A/0.6 s/跳闸	否	否
8	10 kV 兵某线 99 号杆丁店镇分段开关(自)	分段	是	是	Ⅰ段 1 800 A/0.2 s/跳闸 Ⅱ段 600 A/0.6 s/跳闸	否	否
9	10 kV 丁店镇 4085/4287 联络开关	联络	否	否	—	否	否

3.4.3　故障处置过程

(1)配网自动化信息。

1 月 4 日 23 时 32 分,主站收到 10 kV 兵某线 93+25-16+13 号杆、10 kV 兵某线 93+25-8 号杆 FTU 上报的过流一段信息,后两开关均事故分闸,10 kV 兵某线 93+25-8 号杆开关自动重合闸,缩小了故障停电范围。研判故障点在兵某线 93+25-16+13 号杆后段。10 kV 兵某线研判范围如图 3.16 所示,10 kV 兵某线主站 SOE 信息如图 3.17 所示,10 kV 兵某线 93+25-8 号杆终端录波图形如图 3.18 所示。

从图 3.18 中可以看出,23 时 32 分,10 kV 兵某线 93+25-8 号杆后段出现 AB 相间短路,故障电流约 1 330 A。10 kV 兵某线 93+25-8 号杆 FTU 过流一段定值为 1 200 A/0 ms,保护正常启动。

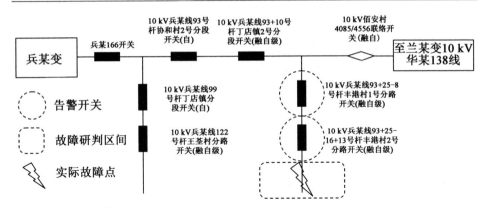

图 3.16　10 kV 兵某线研判范围

图 3.17　10 kV 兵某线主站 SOE 信息

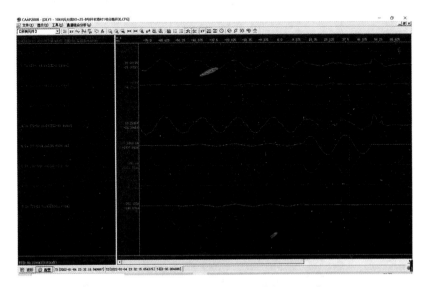

图 3.18　10 kV 兵某线 93+25-8 号杆终端录波图形

（2）故障处理过程。

①2022 年 1 月 4 日 23 时 32 分，10 kV 兵某线 93+25-16+13 号杆、10 kV 兵某线 93+25-8 号杆 FTU 同时上报过流一段告警并事故分闸，10 kV 兵某线 93+25-8 号杆开重合闸成功。

②2022 年 1 月 4 日 23 时 40 分，配网管控中心研判故障点在 10 kV 兵某线 93+25-16+13 号杆后段。

③2022 年 1 月 5 日 7 时 21 分，班组巡视发现 10 kV 兵某线 93+25-16+22+5 号杆有鸟窝，处理后线路恢复正常。

3.4.4　技术应用场景

此次 10 kV 兵某线故障处理技术适用于半自动 FA 线路，对于分支线路超长难以通过时间配置级差的，可配置同级，避免瞬时性故障造成全线停电。但配置同级可能造成故障范围扩大，一般情况下认为配网线路同一时刻发生多点故障的概率极小，可通过将分支首开关启用重合闸，缩小故障停电范围。

第4章 配网接地故障自动化处理典型案例

4.1 10 kV江某线单相接地故障处置案例

4.1.1 故障停电整体情况

3月21日7时35分,110 kV江某变Ⅱ段母线出现接地信号,原因为10 kV江某线96+10号杆避雷器引线断裂搭在角铁上。7时55分,遥控分闸10 kV江某线67号杆宗奎村5号分段开关隔离故障点,9时9分,发现故障点并处理,恢复送电。此次故障共计影响时户数90,停电时长1.23 h。10 kV江某线故障整体情况见表4.1。

表4.1 10 kV江某线故障整体情况

线路名称	停电时间	复电时间	停电时长	影响时户数
10 kV江某线	03-21 07:55	03-21 09:09	1.23 h	90

4.1.2 线路基本情况

(1)10 kV江某线一次设备情况。

10 kV江某线为110 kV江某变Ⅱ段母线出线,线路全长29.497 km,其中架空长度28.992 km,电缆长度0.505 km;线路杆塔共计541基;线路配变共计73台,其中综合变(柱上变)54台,用户变(专变)19台;线路开关(柱上开关)共计14台。10 kV江某线一次设备情况见表4.2。

表 4.2　10 kV 江某线一次设备情况

线路名称	投运时间	线路长度	架空长度	导线型号	电缆长度	电缆型号
10 kV 江某线	2021-10-07	29.497 km	28.992 km	JKLYJ-240/10	0.505 km	YJV22-3×400
	公网					用户
	配电房	箱变	环网柜	柱上变	柱上开关	专变
	无	无	无	54 台	14 台	19 台

（2）10 kV 江某线二次设备情况。

10 kV 江某线二次设备情况见表 4.3，10 kV 江某线二次设备概况如图 4.1 所示。

表 4.3　10 kV 江某线二次设备情况

终端名称	终端类型	开关类型
10 kV 江某线 100-1 号杆际铨建筑分路开关	非自动化	分支
10 kV 江某线 102 号杆镇西村分段开关（自）	FTU	分段
10 kV 江某线 103-3+1 号杆溢仓米业分路开关	非自动化	分支
10 kV 江某线 128-1 号杆秸秆能源分路开关	非自动化	分支
10 kV 江某线 135 号杆田季村分段开关	非自动化	分段
10 kV 江某线 148+2 号杆永华村分路开关（自）	FTU	分支
10 kV 江某线 168-1 号杆大明塑料分路开关	非自动化	分支
10 kV 江某线 67 号杆宗奎村 5 号分段开关（自）	FTU	分段
10 kV 江某线 72+1 号杆宗奎村 6 号分路开关（重融自）	FTU	分支
10 kV 江某线 72+25 号杆海纳纺织分路开关	非自动化	分支
10 kV 江某线 85-4-1 号杆金玉分路开关	非自动化	分支
10 kV 江某线 88-1 号杆华芳织布分路开关	非自动化	分支
10 kV 田季村 407D/425B 联络开关	非自动化	联络
10 kV 溢仓米业 407D/4200 联络开关（融自）	FTU	联络

（3）10 kV 江某线部分终端保护配置情况如图 4.2、图 4.3 所示。

接地保护配置：110 kV 江某变 Ⅱ 段母线采用经消弧线圈接地方式。终端均未投运小电流接地保护，仅投运零序过流告警功能，动作未投入。

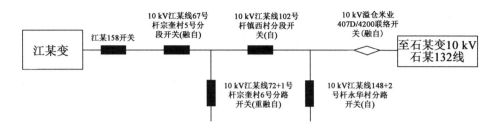

图 4.1　10 kV 江某线二次设备概况

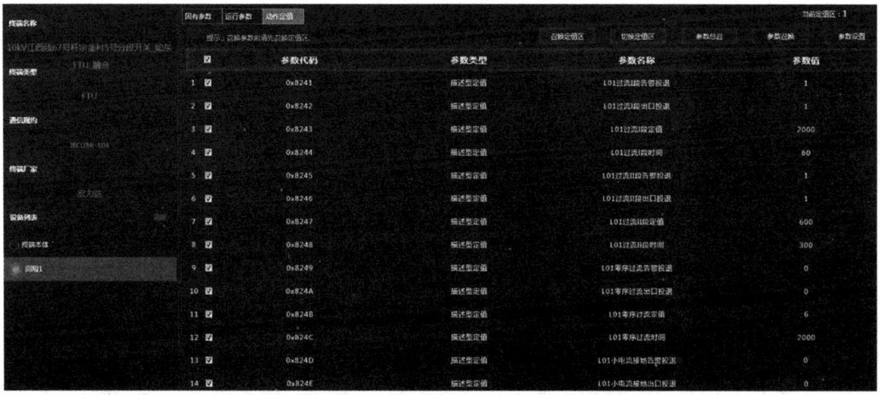

![图 4.2]

图 4.2　10 kV 江某线 67 号杆保护配置情况

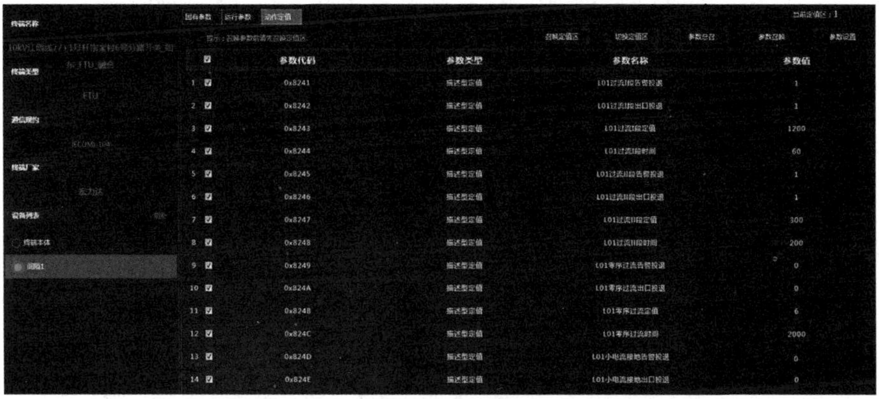

![图 4.3]

图 4.3　10 kV 江某线 77+1 号杆保护配置情况

4.1.3　故障处置过程

（1）配网自动化信息。

7 时 35 分,110 kV 江某变 Ⅱ 段母线出现接地信号,调度通知配网管控中心进行故障研判。配网管控中心通过对主站实时告警窗口进行监视，发现 10 kV 江某线 67 号杆出现零序告警信号，人工研判故障点在 10 kV 江某线 67 号杆至 72+1 号杆至 102 号杆区间范围内。7 时 55 分，汇报调度后遥控分闸 10 kV 江某线 67 号杆宗奎村 5 号分段开关隔离故障点，避免因调度拉路造成非故障线路停电。10 kV 江某线研判范围如图 4.4 所示，10 kV 江某线主站 SOE 信息如图 4.5 所示，10 kV 江某线 67 号杆终端录波图形如图 4.6、图 4.7 所示。

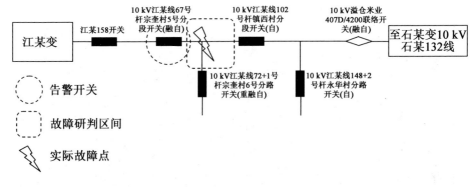

图 4.4　10 kV 江某线研判范围

1	2022-03-21 07:35:25.009 10kV江某线72+1号杆宗奎村6号分路开关(重融自)电压越限 10kV江某158线 动作(SOE) (接收时间 2022年03月21日07时35分30秒)
2	2022-03-21 07:35:25.019 10kV江某线67号杆宗奎村5号分段开关(融自)电压越限 10kV江某158线 动作(SOE) (接收时间 2022年03月21日07时35分34秒)
3	2022-03-21 07:35:25.358 10kV江某线67号杆宗奎村5号分段开关(融自)故障总 10kV江某158线 动作(SOE) (接收时间 2022年03月21日07时35分35秒)
4	2022-03-21 07:35:25.358 10kV江某线67号杆宗奎村5号分段开关(融自)零序过流告警 10kV江某158线 动作(SOE) (接收时间 2022年03月21日07时35分35秒)
5	2022-03-21 07:35:25.358 10kV江某线67号杆宗奎村5号分段开关(融自)接地故障 10kV江某158线 动作(SOE) (接收时间 2022年03月21日07时35分35秒)
6	2022-03-21 07:35:25.358 10kV江某线67号杆宗奎村5号分段开关(融自)零序过流告警总 10kV江某158线 动作(SOE) (接收时间 2022年03月21日07时35分35秒)
7	2022-03-21 07:35:26.681 10kV江某线148+2号杆永华村分路开关(自)交流失电 10kV江某158线 动作(SOE) (接收时间 2022年03月21日07时35分33秒)
8	2022-03-21 07:35:27.713 10kV江某线106号杆镇西村分段开关(自)有压鉴别 10kV江某158线 复归(SOE) (接收时间 2022年03月21日07时35分31秒)
9	2022-03-21 07:35:27.802 10kV江某线148+2号杆永华村分路开关(自)交流失电故障 10kV江某158线 动作(SOE) (接收时间 2022年03月21日07时35分33秒)
10	2022-03-21 07:35:27.157 10kV江某线67号杆宗奎村5号分段开关(融自)故障总 10kV江某158线 动作(SOE) (接收时间 2022年03月21日07时35分42秒)
11	2022-03-21 07:35:27.157 10kV江某线67号杆宗奎村5号分段开关(融自)过流保护告警 10kV江某158线 动作(SOE) (接收时间 2022年03月21日07时35分42秒)
12	2022-03-21 07:35:27.157 10kV江某线67号杆宗奎村5号分段开关(融自)过流II段 10kV江某158线 动作(SOE) (接收时间 2022年03月21日07时35分42秒)
13	2022-03-21 07:35:28.282 10kV江某线106号杆镇西村分段开关(自)交流失电 10kV江某158线 动作(SOE) (接收时间 2022年03月21日07时35分33秒)
14	2022-03-21 07:35:28.837 10kV江某线106号杆镇西村分段开关(自)交流失电II段 10kV江某158线 动作(SOE) (接收时间 2022年03月21日07时35分43秒)
15	2022-03-21 07:35:29.401 10kV江某线106号杆镇西村分段开关(自)交流失电 10kV江某158线 复归(SOE) (接收时间 2022年03月21日07时35分34秒)
16	2022-03-21 07:35:29.414 10kV江某线106号杆镇西村分段开关(自)有压鉴别 10kV江某158线 动作(SOE) (接收时间 2022年03月21日07时35分34秒)
17	2022-03-21 07:35:52.019 10kV江某线67号杆宗奎村5号分段开关(融自)故障总 10kV江某158线 复归(SOE) (接收时间 2022年03月21日07时36分02秒)
18	2022-03-21 07:35:52.019 10kV江某线67号杆宗奎村5号分段开关(融自)零序过流告警 10kV江某158线 复归(SOE) (接收时间 2022年03月21日07时36分02秒)
19	2022-03-21 07:35:52.019 10kV江某线67号杆宗奎村5号分段开关(融自)零序过流告警总 10kV江某158线 复归(SOE) (接收时间 2022年03月21日07时36分02秒)
20	2022-03-21 07:35:52.019 10kV江某线67号杆宗奎村5号分段开关(融自)接地故障 10kV江某158线 复归(SOE) (接收时间 2022年03月21日07时36分02秒)
21	2022-03-21 07:35:54.019 10kV江某线67号杆宗奎村5号分段开关(融自)过流保护告警 10kV江某158线 复归(SOE) (接收时间 2022年03月21日07时36分08秒)
22	2022-03-21 07:35:54.019 10kV江某线67号杆宗奎村5号分段开关(融自)故障总 10kV江某158线 复归(SOE) (接收时间 2022年03月21日07时36分08秒)
23	2022-03-21 07:35:54.019 10kV江某线67号杆宗奎村5号分段开关(融自)过流II段 10kV江某158线 复归(SOE) (接收时间 2022年03月21日07时36分08秒)
24	2022-03-21 07:35:54.019 10kV江某线67号杆宗奎村5号分段开关(融自)过流II段 10kV江某158线 复归(SOE) (接收时间 2022年03月21日07时36分08秒)
25	2022-03-21 07:55:48.800 10kV江某线148+2号杆永华村分路开关(自)交流失电 10kV江某158线 复归(SOE) (接收时间 2022年03月21日07时55分55秒)
26	2022-03-21 07:55:49.099 10kV江某158线 10kV江某线67号杆宗奎村5号分段开关(融自) 分闸(SOE) (接收时间 2022年03月21日07时55分55秒)
27	2022-03-21 07:55:49.099 10kV江某线67号杆宗奎村5号分段开关(融自)故障总 10kV江某158线 远控操作 10kV江某158线 动作(SOE) (接收时间 2022年03月21日07时55分55秒)
28	2022-03-21 07:55:49.101 10kV江某线67号杆宗奎村5号分段开关(融自)双位置遥信 10kV江某158线 复归(SOE) (接收时间 2022年03月21日07时55分59秒)
29	2022-03-21 07:55:50.228 10kV江某线106号杆镇西村分段开关(自)有压鉴别 10kV江某158线 复归(SOE) (接收时间 2022年03月21日07时55分53秒)
30	2022-03-21 07:55:50.345 10kV江某线106号杆镇西村分段开关(自)交流失电 10kV江某158线 动作(SOE) (接收时间 2022年03月21日07时55分54秒)

图 4.5　10 kV 江某线主站 SOE 信息

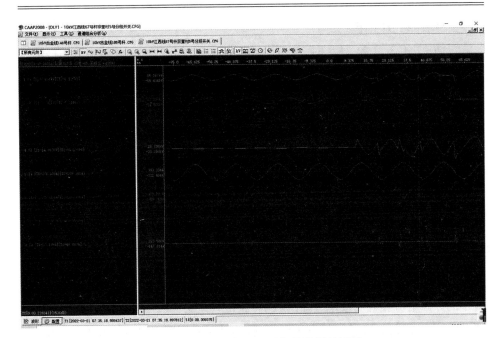

图 4.6　10 kV 江某线 67 号杆终端录波图形 1

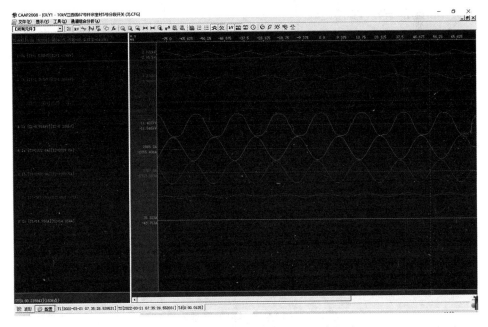

图 4.7　10 kV 江某线 67 号杆终端录波图形 2

从图 4.6、图 4.7 中可以看出,7 时 25 分,10 kV 江某线 B 相发生接地。

（2）故障处理过程。

①2022 年 3 月 21 日 7 时 35 分，110 kV 江某变 Ⅱ 段母线出现接地信号，调度通知配网管控中心进行故障研判。

②2022 年 10 月 29 日 7 时 55 分，管控中心研判故障点在 10 kV 江某线 67 号杆至 72+1 号杆至 102 号杆区间范围内，联系调度后遥控分闸 10 kV 江某线 67 号杆宗奎村 5 号分段开关接地信号消失，通知班组进行故障巡线。

③2022 年 10 月 29 日 9 时 9 分，班组巡视发现 10 kV 江某线 96+10 号杆避雷器引线断裂搭在角铁上，处理好后恢复原线路运行方式。

4.1.4 技术应用场景

此次 10 kV 江某线单相接地故障处理技术作为接地故障研判初期尝试，对于小电流接地系统投运零序过流保护，零序过流保护定值设置为 6 A/2 000 ms，通过较小的零序电流提升对接地故障的灵敏判断，但此配置未考虑经消弧线圈接地方式及零序电流方向等问题，易发生误判，后期可同时配置小电流接地保护，解决零序过流保护未启动及异线错误告警的问题，将两者结合进行人工判断，可大大提升接地故障的研判准确率。

4.2 10 kV 渔某线单相接地故障处置案例

4.2.1 故障停电整体情况

11 月 30 日 0 时 36 分，110 kV 新某变 Ⅰ 段母线出现接地信号，原因为 10 kV 渔某线 132+17-1 号杆包场村 29 号配变引线断线。0 时 58 分，遥控分闸 10 kV 渔某线 129 号杆开关后，接地信号消失，随后遥控分闸 10 kV 渔某线 134 号杆开关隔离故障区域，再遥控合闸东宁村 4053/4525 联络开关恢复非故障区域供电。3 时 4 分，处理完故障恢复原供电方式。此次故障共计影响时户数 40，停电时长 2.467 h。10 kV 渔某线故障整体情况见表 4.4。

表 4.4 10 kV 渔某线故障整体情况

线路名称	停电时间	复电时间	停电时长	影响时户数
10 kV 渔某线	11-30 00:36	11-30 03:04	2.467 h	40

4.2.2　线路基本情况

（1）10 kV 渔某线一次设备情况。

10 kV 渔某线为 110 kV 新某变 I 段母线出线,线路全长 30.338 km,其中架空长度 29.338 km,电缆长度 1 km;线路杆塔共计 553 基;线路配变(柱上变和专变)共计 50 台;线路开关(柱上开关)共计 6 台。10 kV 渔某线一次设备情况见表 4.5。

表 4.5　10 kV 渔某线一次设备情况

线路名称	投运时间	线路长度	架空长度	导线型号	电缆长度	电缆型号
10 kV 渔某线	2020-12-20	30.338 km	29.338 km	JKLYJ-240/10	1 km	YJV22-3×400
	公网					用户
	配电房	箱变	环网柜	柱上变	柱上开关	专变
	无	无	无	50 台	6 台	0 台

（2）10 kV 渔某线二次设备情况。

10 kV 渔某线二次设备情况见表 4.6,10 kV 渔某线二次设备概况如图 4.8 所示。

表 4.6　10 kV 渔某线二次设备情况

终端名称	终端类型	开关类型
10 kV 东宁村 4053/4525 联络开关(融自)	FTU	联络
10 kV 渔某线 108-1 号杆南宁村 1 号分路开关(重融自)	FTU	分支
10 kV 渔某线 129 号杆包场村 1 号分段开关(融自)	FTU	分段
10 kV 渔某线 134 号杆石屏 3 车口分段开关(融自)	FTU	分段
10 kV 渔某线 173 号杆南宁村 2 号分路开关(重融自)	FTU	分支
10 kV 渔某线 92 号杆包场村 2 号分段开关(融自)	FTU	分段

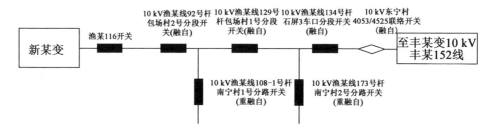

图 4.8　10 kV 渔某线二次设备概况

（3）10 kV 渔某线保护配置情况如图 4.9~4.14 所示。

图 4.9　10 kV 渔某线 92 号杆保护配置情况

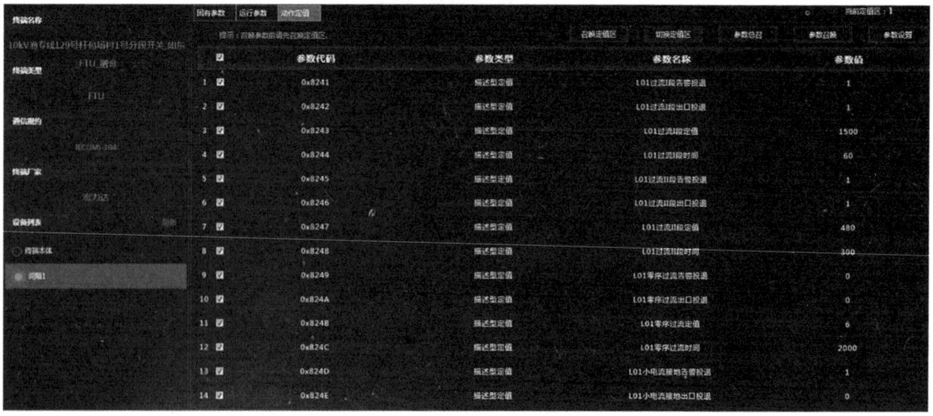

图 4.10　10 kV 渔某线 129 号杆保护配置情况

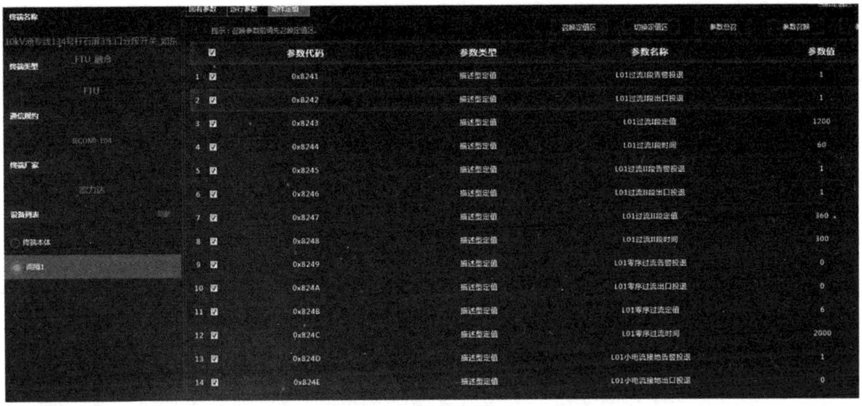

图 4.11　10 kV 渔某线 134 号杆保护配置情况

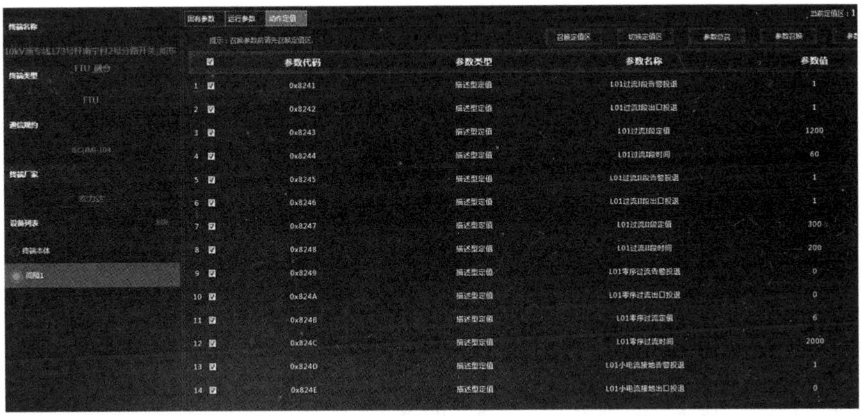

图 4.12　10 kV 渔某线 173 号杆保护配置情况

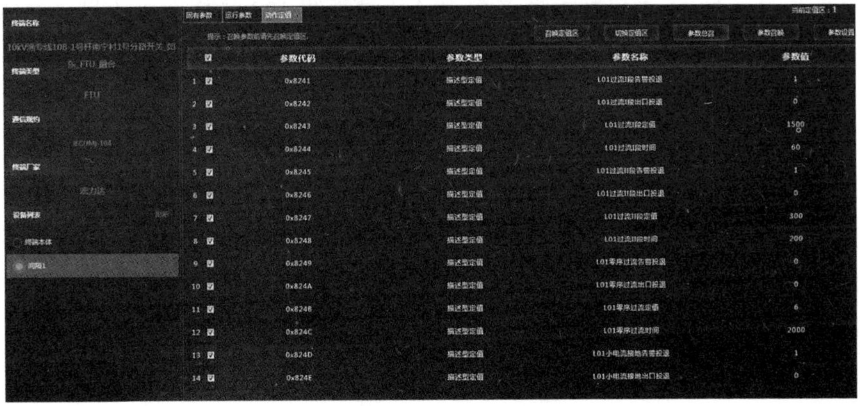

图 4.13　10 kV 渔某线 108-1 号杆保护配置情况

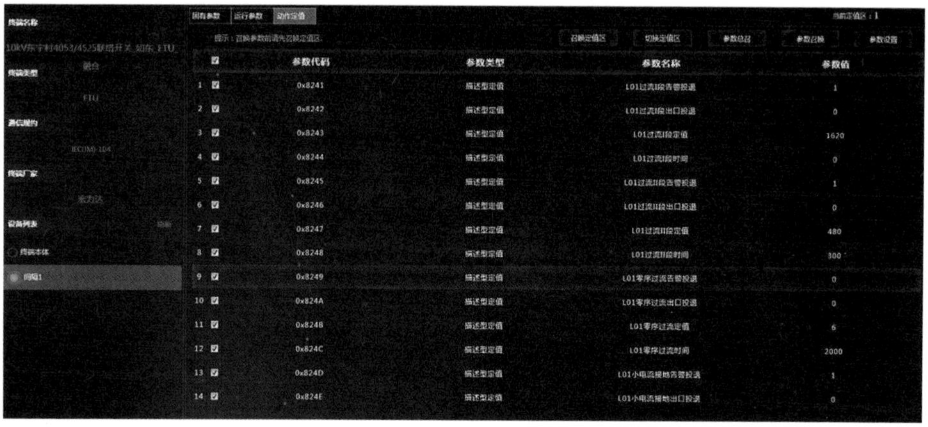

图 4.14　10 kV 东宁村 4053/4525 联络开关保护配置情况

110 kV 新某变 I 段母线采用经消弧线圈接地方式,终端均投运小电流接地保护告警功能,动作未投入。设备带夹角判断功能为退出,接地暂态使能功能为投入。

4.2.3　故障处置过程

(1)配网自动化信息。

0 时 36 分,110 kV 新某变 I 段母线出现接地信号,配网管控中心随即进行故障研判。通过对主站实时告警窗口进行监视,发现 35 kV 新某变 I 段母线 10 kV 渔某线、10 kV 渔某 A 线、10 kV 渔某 B 线、10 kV 渔某 C 线四条公用出线自动化终端均出现电压越限信号,其中 10 kV 渔某线 92 号杆、129 号杆 FTU 出现接地告警信号,人工研判故障点在 10 kV 渔某线 129 号杆至 134 号杆至 173 号杆区间范围内。汇报调度后遥控分闸 129 号杆开关后接地信号消失,随后遥控分开 134 号杆隔离故障区域,遥控合上东宁村 4053/4525 联络开关恢复非故障区域供电。此次故障避免了因调度拉路造成非故障线路停电,缩短了故障线路停电范围,同时对接地故障点进行了精准的区间定位,通过遥控实现了非故障区域恢复供电,大大提升了线路供电的可靠性。10 kV 渔某线研判范围如图 4.15 所示,10 kV 渔某线主站 SOE 信息如图 4.16 所示,10 kV 渔某线 129 号杆终端录波图形如图 4.17 所示。

从图 4.17 中可以看出,0 时 50 分始,10 kV 渔某线 A 相发生接地,出现零序电压和零序电流,产生接地信号。

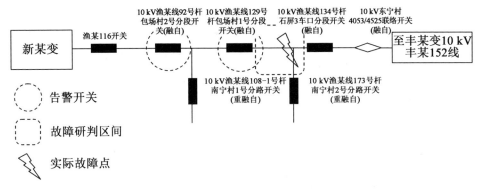

图 4.15　10 kV 渔某线研判范围

1	2022-11-30 00:36:34.011 10kV渔某线129号杆包场村1号分段开关(融自)故障总 10kV渔某116线　复归(SOE) (接收时间 2022年11月30日00时31分40秒)
2	2022-11-30 00:36:34.011 10kV渔某线129号杆包场村1号分段开关(融自)接地故障 10kV渔某116线　复归(SOE) (接收时间 2022年11月30日00时31分40秒)
3	2022-11-30 00:36:34.011 10kV渔某线129号杆包场村1号分段开关(融自)接地告警 10kV渔某116线　复归(SOE) (接收时间 2022年11月30日00时31分40秒)
4	2022-11-30 00:36:49.006 10kV渔某线92号杆包场村2号分段开关(融自)故障总 10kV渔某116线　复归(SOE) (接收时间 2022年11月30日00时31分53秒)
5	2022-11-30 00:36:49.006 10kV渔某线92号杆包场村2号分段开关(融自)接地故障 10kV渔某116线　复归(SOE) (接收时间 2022年11月30日00时31分53秒)
6	2022-11-30 00:36:49.006 10kV渔某线92号杆包场村2号分段开关(融自)接地告警 10kV渔某116线　复归(SOE) (接收时间 2022年11月30日00时31分53秒)
7	2022-11-30 00:50:21.016 10kV渔某线129号杆包场村1号分段开关(融自)电压越限 10kV渔某116线　动作(SOE) (接收时间 2022年11月30日00时50分26秒)
8	2022-11-30 00:50:25.012 10kV渔某线92号杆包场村2号分段开关(融自)故障总 10kV渔某116线　动作(SOE) (接收时间 2022年11月30日00时50分30秒)
9	2022-11-30 00:50:25.012 10kV渔某线92号杆包场村2号分段开关(融自)接地故障 10kV渔某116线　动作(SOE) (接收时间 2022年11月30日00时50分30秒)
10	2022-11-30 00:50:25.012 10kV渔某线92号杆包场村2号分段开关(融自)接地告警 10kV渔某116线　动作(SOE) (接收时间 2022年11月30日00时50分30秒)
11	2022-11-30 00:50:32.012 10kV渔某线92号杆包场村2号分段开关(融自)接地故障 10kV渔某116线　复归(SOE) (接收时间 2022年11月30日00时50分38秒)
12	2022-11-30 00:50:32.012 10kV渔某线92号杆包场村2号分段开关(融自)接地告警 10kV渔某116线　复归(SOE) (接收时间 2022年11月30日00时50分38秒)
13	2022-11-30 00:50:32.012 10kV渔某线92号杆包场村2号分段开关(融自)故障总 10kV渔某116线　复归(SOE) (接收时间 2022年11月30日00时50分38秒)
14	2022-11-30 00:50:35.002 10kV渔某线108-1号杆南宁村1号分路开关(重融自)电压越限 10kV渔某116线 复归(SOE) (接收时间 2022年11月30日00时50分43秒)
15	2022-11-30 00:50:36.011 10kV渔某线129号杆包场村1号分段开关(融自)电压越限 10kV渔某116线　复归(SOE) (接收时间 2022年11月30日00时50分41秒)
16	2022-11-30 00:50:37.003 10kV渔某线134号杆石屏3车口分段开关(融自)电压越限 10kV渔某116线　复归(SOE) (接收时间 2022年11月30日00时50分44秒)
17	2022-11-30 00:50:38.015 10kV渔某线129号杆包场村1号分段开关(融自)电压越限 10kV渔某116线　复归(SOE) (接收时间 2022年11月30日00时50分42秒)
18	2022-11-30 00:50:38.017 10kV渔某线173号杆南宁村2号分路开关(重融自)电压越限 10kV渔某116线 复归(SOE) (接收时间 2022年11月30日00时50分42秒)
19	2022-11-30 00:51:04.019 10kV渔某线108-1号杆南宁村1号分路开关(重融自)电压越限 10kV渔某116线 动作(SOE) (接收时间 2022年11月30日00时51分12秒)
20	2022-11-30 00:51:06.021 10kV渔某线134号杆石屏3车口分段开关(融自)电压越限 10kV渔某116线 动作(SOE) (接收时间 2022年11月30日00时51分12秒)
21	2022-11-30 00:51:06.009 10kV渔某线92号杆包场村2号分段开关(融自)电压越限 10kV渔某116线 动作(SOE) (接收时间 2022年11月30日00时51分12秒)
22	2022-11-30 00:51:08.013 10kV渔某线129号杆包场村1号分段开关(融自)电压越限 10kV渔某116线 动作(SOE) (接收时间 2022年11月30日00时51分12秒)
23	2022-11-30 00:51:08.015 10kV渔某线173号杆南宁村2号分路开关(重融自)电压越限 10kV渔某116线 动作(SOE) (接收时间 2022年11月30日00时51分12秒)
24	2022-11-30 00:52:24.309 10kV渔某116线 10kV渔某线129号杆包场村1号分段开关(融自)动作(级) 分闸(SOE) (接收时间 2022年11月30日00时52分29秒)
25	2022-11-30 00:52:24.309 10kV渔某线129号杆包场村1号分段开关(融自)动作原因:来自远方操作 10kV渔某116线 动作(SOE) (接收时间 2022年11月30日00时52分29秒)
26	2022-11-30 00:52:28.017 10kV渔某线129号杆包场村1号分段开关(融自)双位置退出 10kV渔某116线 复归(SOE) (接收时间 2022年11月30日00时52分34秒)
27	2022-11-30 00:52:28.017 10kV渔某线108-1号杆南宁村1号分路开关(重融自)电压越限 10kV渔某116线 复归(SOE) (接收时间 2022年11月30日00时52分34秒)
28	2022-11-30 00:52:28.003 10kV渔某线92号杆包场村2号分段开关(融自)电压越限 10kV渔某116线 复归(SOE) (接收时间 2022年11月30日00时52分34秒)

图 4.16　10 kV 渔某线主站 SOE 信息

（2）故障处理过程。

①2022 年 11 月 30 日 0 时 36 分,新某变 I 段母线有单相接地信号,10 kV 渔某线 92 号杆和 129 号杆接地故障告警,信号多次动作并复归,研判故障区间为 129 号杆至 134 号杆至 173 号杆之间。

②2022 年 11 月 30 日 0 时 58 分,遥控分开 10 kV 渔某线 129 号杆和 134 号杆隔离故障区间,遥控合上 10 kV 东宁村 4053/4525 联络开关,后段非故障区域由其他线路供电。

③2022 年 11 月 30 日 1 时 36 分,班组巡视发现 10 kV 渔某线 132+17-1 号杆包场村 29 号配变引线断线并立刻组织抢修。

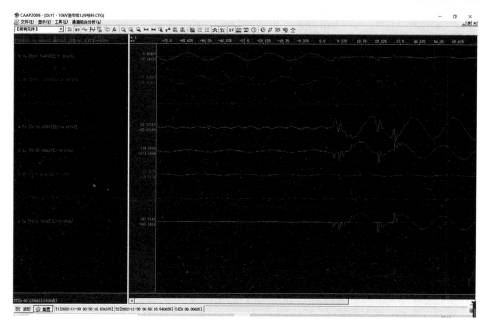

图 4.17　10 kV 渔某线 129 号杆终端录波图形

④2022 年 11 月 30 日 2 时 49 分,故障处理结束,10 kV 渔某线全线恢复供电。

4.2.4　技术应用场景

此次 10 kV 渔某线单相接地故障处理技术适用于小电流接地系统,配置小电流接地保护,可解决零序过流保护导线错误告警的问题。为防止接地保护错误动作,可仅投入小电流接地保护告警功能,在故障发生时人工进行研判,通过人工遥控分闸配网自动化开关,实现接地故障选线及选段功能,大大提升接地故障的处置效率。

4.3　10 kV 长某线单相接地故障处置案例

4.3.1　故障停电整体情况

10 月 29 日 17 时 3 分,35 kV 长某变 Ⅱ 段母线出现接地信号,原因为 10 kV 长某线 65-6-1 号杆三民村 160#配变击穿。17 时 11 分,遥控分闸 10 kV 长某线 48 号杆海福寺分段开关隔离故障点,17 时 22 分,发现故障点并隔离,恢复送电。此次故障共计影响时户数 15,停电时长 0.183 h。10 kV 长某线故障整体情况见表 4.7。

表 4.7 10 kV 长某线故障整体情况

线路名称	停电时间	复电时间	停电时长	影响时户数
10 kV 长某线	10-29 17:11	10-29 17:22	0.183 h	15

4.3.2 线路基本情况

(1)10 kV 长某线一次设备情况。

10 kV 长某线为 35 kV 长某变 Ⅱ 段母线出线,线路全长 22.227 km,其中架空长度 21.957 6 km,电缆长度 0.269 4 km;线路杆塔共计 481 基;线路配变共计 70 台,其中综合变(柱上变)35 台,用户变(专变)35 台;线路开关(柱上开关)共计 10 台,包含 1 台长期转供线路的自动化开关。10 kV 长某线一次设备情况见表 4.8。

表 4.8 10 kV 长某线一次设备情况

线路名称	投运时间	线路长度	架空长度	导线型号	电缆长度	电缆型号
10 kV 长某线	2021-06-11	22.227 km	21.957 6 km	JKLYJ-240/10	0.269 4 km	YJV22-3×400
	公网					用户
	配电房	箱变	环网柜	柱上变	柱上开关	专变
	1 台	无	无	35 台	10 台	35 台

(2)10 kV 长某线二次设备情况。

10 kV 长某线二次设备情况见表 4.9,10 kV 长某线二次设备概况如图 4.18 所示。

表 4.9　10 kV 长某线二次设备情况

终端名称	终端类型	开关类型
10 kV 长某线 5 号杆长堤村 3 号分段开关(融自)	FTU	分段
10 kV 长某线 9 号杆卫海福港路分段开关(自)	FTU	分支
10 kV 长某线 48 号杆海福寺分段开关(融自)	FTU	分界
10 kV 长某线 48-6 号杆三民村分路开关(重融自)	FTU	分段
10 kV 长东线 53 号杆富盐村 2 号分段开关(融自)	FTU	分支
10 kV 长某线 59 号杆长堤村 4 号分路开关(重融自)	FTU	分段
10 kV 长某线 75 号杆黄海村 1 号分段开关	非自动化	分段
10 kV 长某线 85 号杆黄海村 2 号分路开关	非自动化	分支
10 kV 长某线 87-3 号杆中石油分路开关	非自动化	分支
10 kV 港城村 4094/4097 联络开关	非自动化	联络

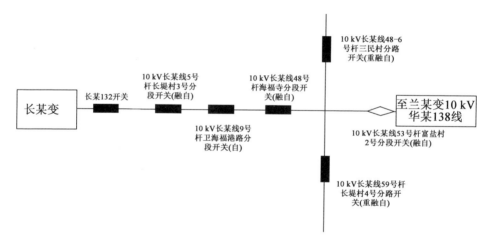

图 4.18　10 kV 长某线二次设备概况

(3)10 kV 长某线部分终端保护配置情况如图 4.19~4.22 所示。

35 kV 长某变 Ⅱ 段母线采用经消弧线圈接地方式,终端均投运小电流接地保护告警功能,动作未投入。设备带夹角判断功能为退出,接地暂态使能功能为投入。10 kV 长某线 9 号杆卫海福港路分段开关未投运小电流接地保护,仅投运零序过流告警功能,动作未投入。

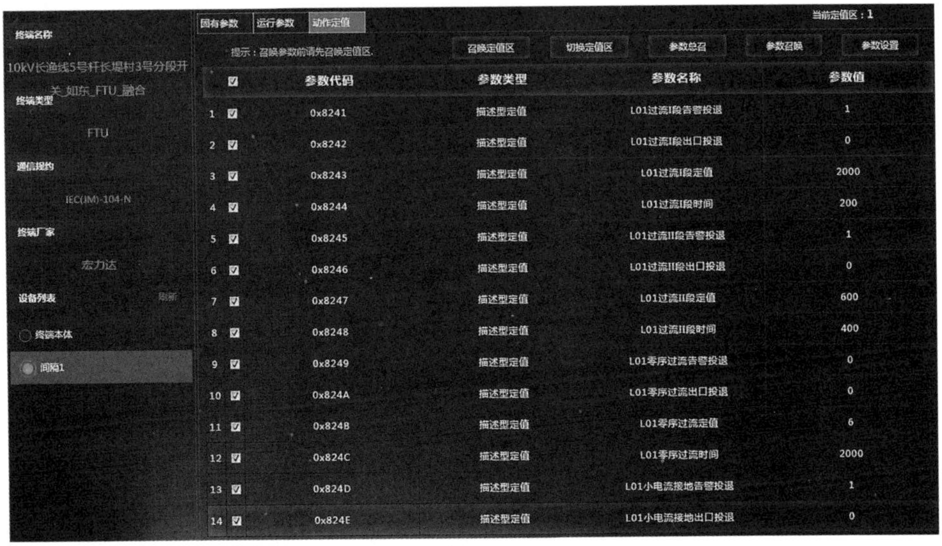

图4.19　10 kV 长某线 5 号杆保护配置情况

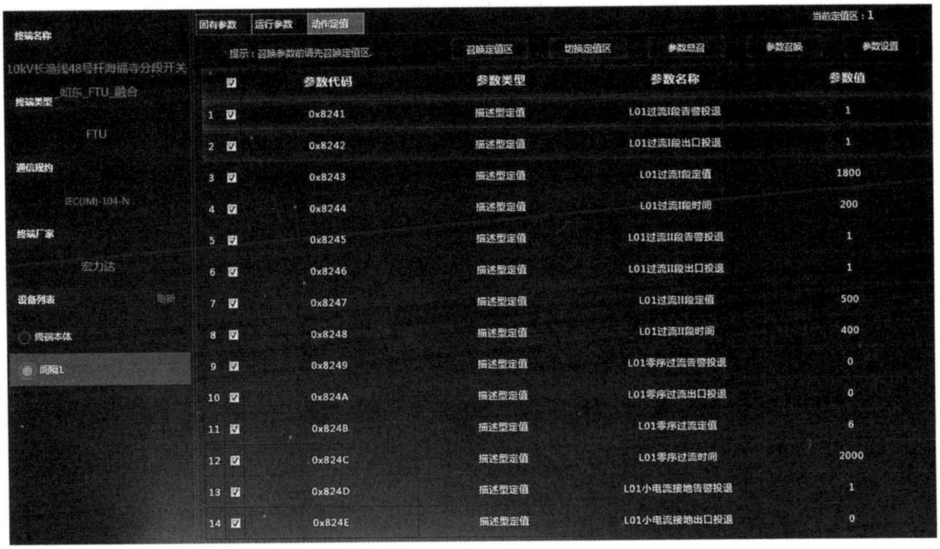

图4.20　10 kV 长某线 48 号杆保护配置情况

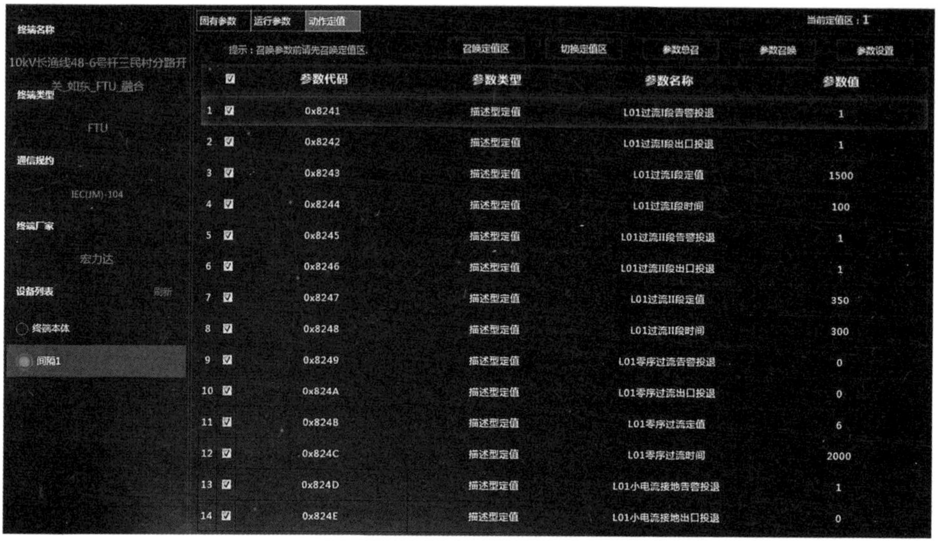

	参数代码	参数类型	参数名称	参数值
1	0x8241	描述型定值	L01过流I段告警投退	1
2	0x8242	描述型定值	L01过流I段出口投退	1
3	0x8243	描述型定值	L01过流I段定值	1500
4	0x8244	描述型定值	L01过流I段时间	100
5	0x8245	描述型定值	L01过流II段告警投退	1
6	0x8246	描述型定值	L01过流II段出口投退	1
7	0x8247	描述型定值	L01过流II段定值	350
8	0x8248	描述型定值	L01过流II段时间	300
9	0x8249	描述型定值	L01零序过流告警投退	0
10	0x824A	描述型定值	L01零序过流出口投退	0
11	0x824B	描述型定值	L01零序过流定值	6
12	0x824C	描述型定值	L01零序过流时间	2000
13	0x824D	描述型定值	L01小电流接地告警投退	1
14	0x824E	描述型定值	L01小电流接地出口投退	0

图 4.21　10 kV 长某线 48-6 号杆保护配置情况

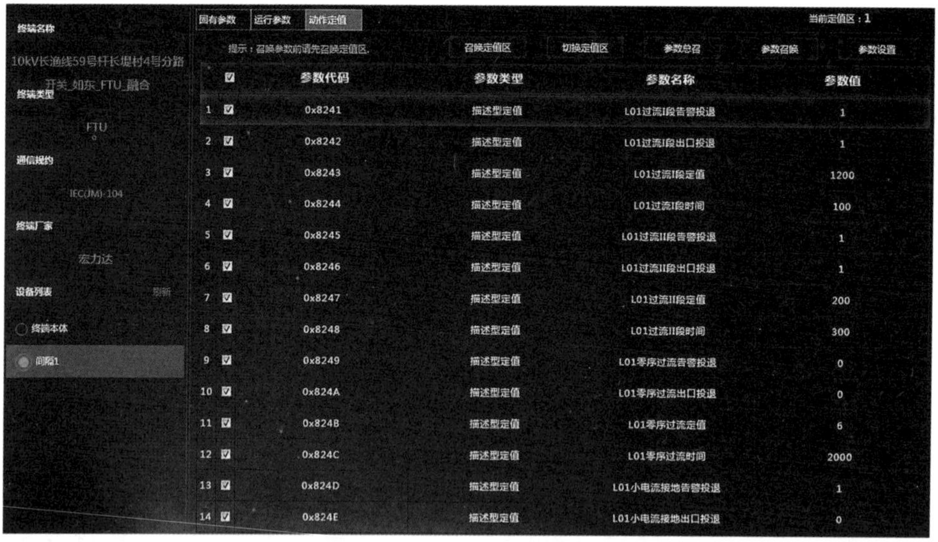

	参数代码	参数类型	参数名称	参数值
1	0x8241	描述型定值	L01过流I段告警投退	1
2	0x8242	描述型定值	L01过流I段出口投退	1
3	0x8243	描述型定值	L01过流I段定值	1200
4	0x8244	描述型定值	L01过流I段时间	100
5	0x8245	描述型定值	L01过流II段告警投退	1
6	0x8246	描述型定值	L01过流II段出口投退	1
7	0x8247	描述型定值	L01过流II段定值	200
8	0x8248	描述型定值	L01过流II段时间	300
9	0x8249	描述型定值	L01零序过流告警投退	0
10	0x824A	描述型定值	L01零序过流出口投退	0
11	0x824B	描述型定值	L01零序过流定值	6
12	0x824C	描述型定值	L01零序过流时间	2000
13	0x824D	描述型定值	L01小电流接地告警投退	1
14	0x824E	描述型定值	L01小电流接地出口投退	0

图 4.22　10 kV 长某线 59 号杆保护配置情况

4.3.3　故障处置过程

(1)配网自动化信息。

17 时 3 分,35 kV 长某变 Ⅱ 段母线出现接地信号,调度通知配网管控中心进行故障研判。配网管控中心通过对主站实时告警窗口进行监视,发现 35 kV

长某变Ⅱ段母线 10 kV 长某线自动化开关均出现电压越限信号，其中 10 kV 长某线 5 号杆、9 号杆、48 号杆出现接地告警信号，人工研判故障点在 48 号杆至 48-6 号杆至 59 号杆区间范围内。汇报调度后遥控 48 号杆开关隔离故障，避免因调度拉路造成非故障线路停电，同时缩短了故障线路停电范围。10 kV 长某线研判范围如图 4.23 所示，10 kV 长某线主站 SOE 信息如图 4.24 所示，10 kV 长某线 48 号杆终端录波图形如图 4.25、图 4.26 所示。

从图 4.25、图 4.26 中可以看出，16 时 43 分，长某线 48 号杆后段出现瞬时 AC 相短路，故障电流约 1 200 A，未造成线路跳闸。长某线 5 号杆过流二段定值为 600 A/400 ms，长某线 48 号杆过流二段定值为 500 A/300 ms，过流告警不以时间作为判据，超过保护定值即告警。实际故障电流大于二段保护定值，维持时间小于保护时限。17 时 2 分，线路开始出现瞬时性的零序电压和零序电流，产生接地信号。

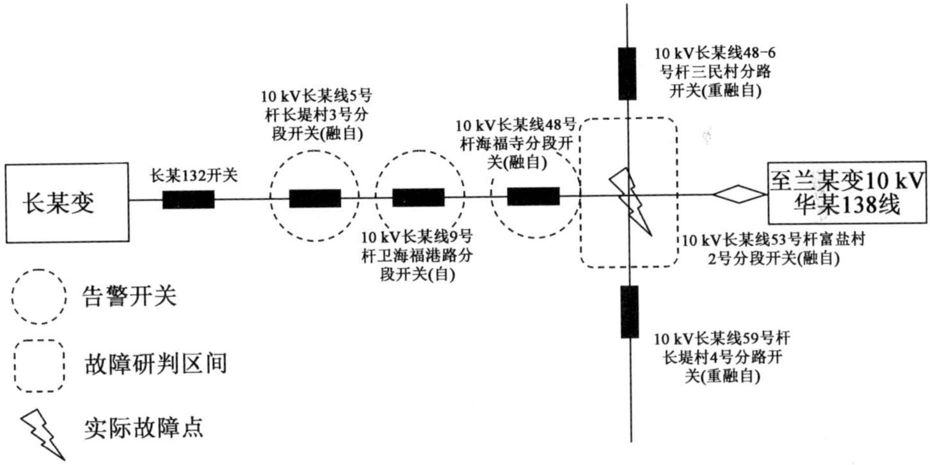

图 4.23　10 kV 长某线研判范围

1	2022-10-29 17:02:55.539 10kV长某线9号杆卫海福港路分段开关(自)零序过流告警 10kV长某132线 动作(SOE) (接收时间 2022年10月29日17时02分59秒)
2	2022-10-29 17:02:55.539 10kV长某线9号杆卫海福港路分段开关(自)接地故障 10kV长某132线 动作(SOE) (接收时间 2022年10月29日17时02分59秒)
3	2022-10-29 17:02:55.539 10kV长某线9号杆卫海福港路分段开关(自)故障总 10kV长某132线 动作(SOE) (接收时间 2022年10月29日17时02分59秒)
4	2022-10-29 17:02:58.013 10kV长某线59号杆长堤村4号分路开关(重融自)电压越限 10kV长某132线 动作(SOE) (接收时间 2022年10月29日17时03分04秒)
5	2022-10-29 17:02:59.010 10kV长某线5号杆长堤村3号分段开关(融自)电压越限 10kV长某132线 动作(SOE) (接收时间 2022年10月29日17时03分03秒)
6	2022-10-29 17:02:59.015 10kV长某线48号杆海福寺分段开关(融自)电压越限 10kV长某132线 动作(SOE) (接收时间 2022年10月29日17时03分04秒)
7	2022-10-29 17:02:59.012 10kV长某线48-6号杆三民村分路开关(重融自)电压越限 10kV长某132线 动作(SOE) (接收时间 2022年10月29日17时03分04秒)
8	2022-10-29 17:03:54.007 10kV长某线5号杆长堤村3号分段开关(融自)故障总 10kV长某132线 动作(SOE) (接收时间 2022年10月29日17时03分58秒)
9	2022-10-29 17:03:54.007 10kV长某线5号杆长堤村3号分段开关(融自)接地故障 10kV长某132线 动作(SOE) (接收时间 2022年10月29日17时03分58秒)
10	2022-10-29 17:03:54.007 10kV长某线5号杆长堤村3号分段开关(融自)接地告警 10kV长某132线 动作(SOE) (接收时间 2022年10月29日17时03分58秒)
11	2022-10-29 17:03:54.012 10kV长某线48号杆海福寺分段开关(融自)故障总 10kV长某132线 动作(SOE) (接收时间 2022年10月29日17时04分02秒)
12	2022-10-29 17:03:54.012 10kV长某线48号杆海福寺分段开关(融自)接地故障 10kV长某132线 动作(SOE) (接收时间 2022年10月29日17时04分02秒)
13	2022-10-29 17:03:54.012 10kV长某线48号杆海福寺分段开关(融自)接地告警 10kV长某132线 动作(SOE) (接收时间 2022年10月29日17时04分02秒)
14	2022-10-29 17:11:53.146 10kV长某132线 10kV长某线48号杆海福寺分段开关(融自级) 分闸(SOE) (接收时间 2022年10月29日17时12分00秒)
15	2022-10-29 17:11:53.146 10kV长某线48号杆海福寺分段开关(融自)动作原因:开关远方操作 10kV长某132线 动作(SOE) (接收时间 2022年10月29日17时12分00秒)
16	2022-10-29 17:11:53.149 10kV长某线48号杆海福寺分段开关(融自)双位置遥信 10kV长某132线 复归(SOE) (接收时间 2022年10月29日17时12分00秒)
17	2022-10-29 17:12:04.015 10kV长某线48-6号杆三民村分路开关(重融自)有压鉴别 10kV长某132线 复归(SOE) (接收时间 2022年10月29日17时12分10秒)

图 4.24　10 kV 长某线主站 SOE 信息

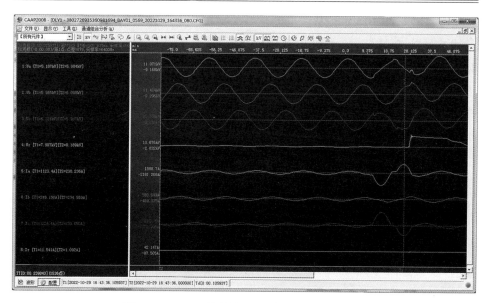

图 4.25　10 kV 长某线 48 号杆终端录波图形 1

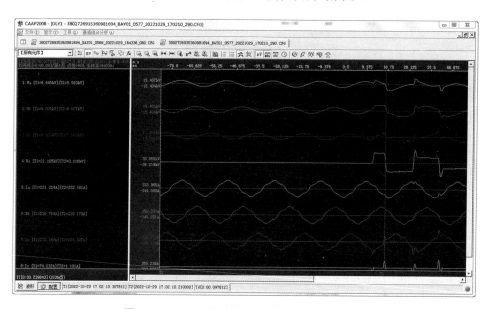

图 4.26　10 kV 长某线 48 号杆终端录波图形 2

（2）故障处理过程。

①2022 年 10 月 29 日 16 时 43 分，10 kV 长某线 5 号杆长堤村 3 号分段开关，10 kV 长某线 48 号杆海福寺分段开关过流二段告警后自动复归，未有开关

事故分闸,通知班组进行线路巡视。

②2022 年 10 月 29 日 17 时 3 分,35 kV 长某变 Ⅱ 段母线出现接地信号,10 kV 长某线、10 kV 长空线均出现电压越限信号。17 时 4 分,10 kV 长某线 5 号杆、9 号杆、48 号杆均出现接地告警信号,班组反馈正在 48 号杆后段巡视。

③2022 年 10 月 29 日 17 时 11 分,遥控分闸 10 kV 长某线 48 号杆海福寺分段开关,接地信号消失,班组继续进行故障巡视。

④2022 年 10 月 29 日 17 时 22 分,班组反馈 10 kV 长某线 65-6-1 号杆三民村 160#配变击穿,现场已隔离故障点,要求遥控合闸 48 号杆开关,试送成功,10 kV 长某线恢复供电。10 kV 长某线现场故障图如图 4.27 所示。

图 4.27　10 kV 长某线现场故障图

4.3.4　技术应用场景

此次 10 kV 长某线单相接地故障处理技术适用于小电流接地系统,同时配置小电流接地保护和零序过流保护告警功能。在故障发生时,将两者信号结合进行人工研判,提升接地故障的研判准确率。目前部分终端小电流接地保护和零序过流保护存在逻辑冲突,不能同时配置,可通过后期软件版本升级解决。将两种接地保护同时投入,可大大提升接地故障的处置效率。

第5章 配网自动化终端运维典型应用案例

配网终端一般置于街边道旁,容易受到外力破坏、盗窃、交通、气象等因素影响,运行环境较为恶劣,部分元件故障率高,现场运维人员需要具备常见缺陷处理能力。运行单位需要对配网终端开展日常运维和特殊巡视,此外也通过主站值班人员反馈终端运行状况的好坏。进一步,主站远程维护配网终端及终端采用模块化设计、标准化接口、整体化更换、工厂化维修等,工艺、工序与工作方法可以逐步实现高效运维、少量运维、保障设备健康运行的目标。

目前,配网终端现场缺陷主要集中在通信、电源和开关机构及二次回路等环节。特别地,存量配网改造的配网自动化系统,设备缺陷率较高。以某县供电公司 2022 年配网终端及通信缺陷为例,共计缺陷 854 次,其中配网终端本体设备质量 92 次,占比 11%;通信 552 次,占比 65%;二次接线端子及开关机构 133 次,占比 15%;电源模块 35 次,占比 4%;其他原因 42 次(软压板未投、电源空开未送等),占比 5%。

5.1 遥测数据异常及处理

5.1.1 交流电压采样异常的处理

(1)首先判断电压异常是否属于电压二次回路问题,用万用表直接测量终端遥测板电压输入端子电压值即可判断。如果测试发现二次输入电压异常,应逐级向电压互感器侧检查电压二次回路,直至检查到电压互感器二次侧引出端子位置,若电压仍然异常,即可判定为电压互感器一次输出故障。

(2)如果测试发现二次输入电压正常,应使用终端维护软件查看终端电压采样值是否正常,若正常即可判定为配网主站侧遥测参数配置错误,否则应检查终端遥测参数配置是否正确。在检查发现终端遥测参数配置正确的情况下,即可判定为终端本体故障。

（3）终端本体故障可能是由终端应用程序故障、遥测采样板故障或者 CPU 板故障引起的，处理终端本体故障应按照先软件后硬件、先采样板件后核心板件的原则进行。

（4）更换终端内部板件时，一定要注意板件更换后相应参数应重新进行配置。

5.1.2　交流电流采样异常的处理

（1）首先判断电流异常是否属于电流二次回路问题，用钳形表直接测量终端遥测板电流输入回路电流值即可判断。如果测试发现二次输入电流异常，应逐级向电流互感器侧检查电流二次回路，直至检查到电流互感器二次侧引出端子位置，若电流仍然异常，则可判定为电流互感器一次输出故障。

（2）如果测试发现二次输入电流正常，应使用终端维护软件查看终端电流采样值是否正常，若正常即可判定为配网主站侧遥测参数配置错误，否则应检查终端遥测参数配置是否正确。在检查发现终端遥测参数配置正确的情况下，即可判定为终端本体故障。

（3）终端本体故障可能是由终端应用程序故障、遥测采样板故障或者 CPU 板故障引起的，处理终端本体故障应按照先软件后硬件、先采样板件后核心板件的原则进行。

（4）更换终端内部板件时，一定要注意板件更换后相应参数重新进行配置。

（5）因为交流电流的采样值是根据负荷的大小而变化的，所以在检查过程中一定要结合整条线路上下级的终端采样值进行比较和核对。此外，一定要确认电流互感器的变比。

5.1.3　直流量异常的处理

配网终端的直流采样主要包括后备电源电压、直流 0~5 V 电压或 1~20 mA 电流的传感器输入回路，直流量异常情况分以下几点。

（1）外部回路问题的处理。如果输入为电压，则可以解开外部端子排，再用万用表测量电压。

（2）内部回路问题的处理（包含端子排）。检查装置内部回路问题时，首先要了解直流采样的流程，从端子排直接到装置背板。

(3)端子排的检查。查看端子排内外部接线是否正确,是否有松动,是否压到二次电缆表皮,有没有接触不良情况。

(4)线路的检查。断开直流采样的外部回路,从端子排到装置背部端子用万用表测量一下通断,判断是否线路上有问题。

(5)直流采样板件问题的处理。当直流0~5 V电压或1~20 mA电流、温度电阻回路、温度变送器没有问题时,可以更换直流采样板件。

5.2　遥信数据异常及处理

遥信是一种状态量信息,反映的是断路器、隔离开关、接地开关等位置状态信息和过流、过负荷等各种保护信号量。遥信根据产生的原理不同分为实遥信和虚遥信。实遥信通常由电力设备的辅助接点提供,辅助接点的开/合直接反映出该设备的工作状态;虚遥信通常由配网终端根据所采集数据通过计算后触发,一般反映设备保护信息、异常信息等。

5.2.1　遥信数据信号异常的处理

(1)遥信电源问题的处理。遥信电源故障会导致装置上所有遥信状态都处于异常,因此处理遥信数据信号采样异常首先应检查遥信电源是否正常。

(2)其次应判断信号状态异常是否属于二次回路的问题,可以将遥信的外部接线从端子排上解开,用万用表对遥信点与遥信公共端进行测量,带正电压的信号状态为1,带负电压的信号状态为0。如果信号状态与实际不符,则检查遥信采集回路的辅助接点或信号继电器接点是否正常,端子排内外部接线是否正确,是否有松动,是否压到电缆表皮,有没有接触不良情况。

(3)若检查二次回路,判断外部遥信输入正常,就应使用终端维护软件查看终端遥信采样值是否正常,若正常即可判定为配网主站侧遥信参数配置错误,否则应检查终端遥信参数配置是否正确。在检查发现终端遥信参数配置正确的情况下,即可判定为终端本体故障。

(4)终端本体故障可能是由终端应用程序故障、遥测采样板故障或者CPU板故障引起的,处理终端本体故障应按照先软件后硬件、先采样板后核心板件的原则进行。

(5)更换终端内部板件时,一定要注意板件更换后相应参数应重新进行配置。

5.2.2　遥信异常抖动的处理

由于配网设备现场运行环境比较复杂,遥信数据信号有可能出现瞬间抖动的现象,如果不加以去除,则会造成系统的误遥信。主要应从以下几个方面进行处理。

(1)检查接地。首先检查配网终端装置外壳和电源模块是否可靠接地,若没有接地则做好接地。

(2)检查设置。检查配网终端防抖时间设置是否合理,可以适当延长防抖时间 200 ms 左右。

(3)二次回路检查。同时检查该二次回路连接点是否牢靠,螺丝是否拧紧,压线是否压紧。

(4)二次回路短接。将配网终端误发遥信的二次回路在环网柜辅助回路处进行短接后进行观察。

(5)主站观察及实验室测试。在配网主站监视该配网终端误信号在二次回路短接之后 7 天内是否继续发生遥信误报:①如果遥信误报消失,则更换开关辅助接点后观察 7 天;②如果遥信误报仍然存在,则可能配网终端存在电磁兼容性能不过关情况,需对配网终端重新进行电磁兼容性测试。

5.3　遥控信息异常及处理

配网终端遥控信息异常主要是指配网终端对遥控选择、遥控返校、遥控执行等命令的处理异常。

5.3.1　遥控选择失败的处理

遥控选择是遥控过程的第一步,是由配网主站向配网终端发"选择"报文,如果报文下发到装置后,装置无任何反应,说明则遥控选择失败,通常有以下几种可能。

(1)配网主站"五防"逻辑闭锁。配网主站设置有"五防"逻辑闭锁功能,如带接地开关合断路器、带负荷电流拉开关导致误停电。

(2)配网主站与配网终端之间通信异常。可以在通信网管侧查看终端侧通信终端是否在线,应确保在终端在线且与主站通信正常的前提下,进行遥控操作。

(3)配网终端处于就地位置。配网终端面板上有"远方/就地"切换把手,用于控制方式的选择。"远方/就地"切换至"远方"时可进行遥控操作,当切换至"就地"时,只可在终端就地操作。当"远方/就地"切换至"就地"时,会出现遥控选择失败的现象,将其切换至"远方"即可。

(4)CPU 板件故障。关闭装置电源,更换 CPU 板件。

5.3.2　遥控返校失败的处理

在配网主站遥控选择指令下发成功后,是配网终端遥控返校。总体来说,遥控返校失败的原因有以下几种情况。

(1)遥控板件故障。遥控板件故障会导致 CPU 不能检测遥控返校继电器的状态,从而发生遥控返校失败,可关闭装置电源,更换遥控板件。

(2)遥控加密设置错误,密钥对选择错误。

(3)遥控执行失败的处理。

①遥控执行继电器无输出。若终端就地控制继电器无输出,则可判断为遥控板件故障。可关闭装置电源,更换遥控板件。

②遥控执行继电器动作但端子排无输出。检查遥控回路接线是否正确,其中遥控公共端至端子排中间串入一个硬件接点——遥控出口压板,除检查接线是否通畅外,还需要检查对应压板是否合上。

③遥控端子排有输出但开关电动操动机构未动作,检查开关电动操动机构。

5.4　通信通道异常及处理

配网终端通信通道异常表现为主站与终端无法正常通信,引起终端掉线或频繁投退。通信通道异常可能是物理通信链路出现异常造成的,也有可能是通信设备或配置安装不当造成的。配网终端通信异常的原因比较多样化,需要分段排除。

5.4.1　通信通道异常处理

配网终端通信通道异常一般由主站发现并发起异常处理流程,为了更快地对配网自动化系统通信通道异常进行处理,可将配网主站到终端的通信链路区段分为配网主站到通信主站核心交换机、通信主站到终端侧通信终端、配网终端通信接口。

(1)首先通信运维人员核查通信网管系统,核查通信终端是否有异常告警信息。

(2)对于单个配网终端通信异常,可由现场运维人员到现场检查终端网口是否正常通信,网络线是否完好,网络交换机工作是否正常。还要检查网络参数配置的正确性,并正确配置路由器,合理分配通信用 IP、子网掩码及正确配置网关地址。

(3)对于某条线路出现终端同时掉线情况,可在网管系统中判断是否出现OLT 设备故障告警信息,若无告警信息,则可判断为通信光缆被破坏,需要通信运维人员到现场进行确认,并尽快恢复。

(4)对于主站系统内所有终端出现同时掉线情况,基本可以判断为配网主站到通信主站之间的链路或核心交换机设备故障,应由主站运维人员与通信运维人员协同处理。

通信通道异常处理实际案例:10 kV 宾某线 1 号杆自动化终端在线情况出现频繁投退现象,现场测量无线专网信号质量不佳,PSRP(信号强度)为−96(正常情况大于−105),SINR(信号质量)为−1(正常情况大于 0),现场更换高增益天线后通信情况显著提升。10 kV 宾某线 1 号杆现场专网信号如图 5.1 所示,10 kV 宾某线 1 号杆更换高增益天线后通信质量得到提升如图 5.2 所示。

图 5.1　10 kV 宾某线 1 号杆现场专网信号

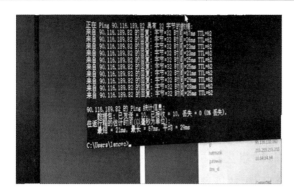

图 5.2　10 kV 宾某线 1 号杆更换高增益天线后通信质量得到提升

5.4.2　终端通信接口异常处理

（1）RS232 通信口通信失败。确认通信电缆正确并与通信口（RS232）接触良好。使用终端后台维护工具通过维护口确认通信规约、波特率、终端站址配置正确。若通信仍未建立,则立即按复位按钮（RESET）持续大约 2 s,使终端复位。

（2）网络通信失败。确认通信电缆正确并与网络口（TCP/IP）接触良好,可观察网络收发及链接指示灯是否正常。使用 USB 维护口工具读取 IP 配置,确认 IP 配置的正确性。通过计算机 ping 命令,测试设备网络是否正常。若通信仍未建立,立即按复位按钮（RESET）持续大约 2 s,使终端复位。

5.5　配网终端电源系统运维

从现场运行的经验来看,配网终端电源系统异常是导致现场终端损坏或出现故障的主要原因之一,因此配网终端电源系统的运维是终端整体运维的关键,要求对电源系统各部分运行状态进行监视,及时发现异常或缺陷。优化是指对后备电源系统定期采用充放电、活化等日常运维措施,加强对后备电源外观、内阻、容量等进行运维管理和状态评估。实现对配网终端后备电源有效管理是一项艰巨的任务。后备电源出现异常情况时,针对不同状况采取不同措施,提高配网终端后备电源的可靠性。

5.5.1　终端电源系统运维原则

（1）定期检查电源管理模块运行参数是否在合格范围内。浮充电压、充电电流应结合蓄电池容量进行选择。不论在任何情况下，蓄电池的浮充电压不应超过生产厂家给定的浮充值，并且要根据环境温度变化，随时利用电压调节系数来调整浮充电压的数值。

（2）在电源管理模块配置蓄电池活化电阻。关注蓄电池内阻，偏差超过额定内阻值 30% 的应跟踪处理，超过额定值或超过投运初始值 50% 的应进行活化或充放电处理。

（3）加强后备电源在线监视。对蓄电池端电压、充放电电流、内阻等关键指标进行实时监测，及时掌握后备电源运行情况。

（4）控制环境温度。环境温度对后备电源的放电容量、寿命、自放电、内阻等方面都有较大影响。虽然开关电源有温度补偿功能，但其灵敏度和调整幅度毕竟有限。因此，蓄电池室推荐单独配置环境调节设备，将温度控制在 22～25 ℃，这不仅能延长蓄电池的寿命，还能使蓄电池有最佳的容量。

（5）在蓄电池均衡性异常较大或较深度地放电以后，以及在蓄电池运行一个季度时，应采用均衡的方式对其进行补充充电。在均衡充电时要注意环境温度的变化，并随环境温度的升高而将均衡电压设定的值降低。例如，若环境温度升高 1 ℃，那么均衡充电的电压值就要降低 3 mV。

（6）精心维护。在阀控式电池组投产运行前应认真记录每只单体电池的电压和内阻数据，作为原始资料妥善保存，以后每运行半年，需将运行的数据与原始数据进行比较，如果发现异常情况应及时进行处理。

（7）阀控铅酸蓄电池运行到使用寿命的 1/2 时（注：如何把握这个时间，应有一些建议或遵循的原则），需适当增加测试的频次，尤其是对单体 12 V 的电池增加测试。如果电池内阻突然增加或测量电压数值不稳（特别是小数点后两位），应立即作为"落后电池"进行活化处理。

5.5.2　电源异常处理

常见的电源回路异常主要包括主电源回路异常和后备电源异常，以下针对这两类异常情况进行原因分析并提出相应的解决办法。

（1）主电源回路异常的处理。主电源回路异常包括交流回路异常、电源模块输出电压异常等。

处理方法是分别测量电压互感器(TV)柜、终端屏柜接线端子电压,以确定问题所在。如果电源模块输入异常,即交流回路异常,需按以下步骤进行检查。

①检查交流空气开关是否跳闸或者熔丝是否完好,若没跳闸且熔丝没问题,检查电源回路是否有故障。

②若空气开关正常,检查确认 TV 所在线路是否失电。

③若线路有电,检查 TV 柜侧二次端子是否有电。

④若 TV 柜侧有电,检查终端屏柜侧端子排是否有电。

⑤若端子排有电,检查到空气开关的导线是否有松动,空气开关是否坏掉,以及中间继电器是否正常。

⑥若电源模块输入正常,但是输出异常,就需检查电源模块接线和模块本身是否损坏。

主电源回路异常处理实际案例:10 kV 港某线 58 号杆自动化终端长期离线,现场排查后发现为电源模块故障,实际测量电源模块输入电压正常,但模块运行指示灯不亮,判定为电源模块损坏,更换后设备正常启动。10 kV 港某线电源模块进线现场测量电压如图 5.3 所示,10 kV 港某线更换电源模块后设备正常运行如图 5.4 所示。

图 5.3　10 kV 港某线电源模块进线现场测量电压

图 5.4　10 kV 港某线更换电源模块后设备正常运行

（2）后备电源异常的处理。后备电源异常主要是指交流失电后，后备电源不能正常供电。

原因分析是：①蓄电池本体故障；②AC/DC 电源模块后备电源管理出现故障。

处理方法是查看蓄电池接线是否松动、蓄电池是否有明显漏液或损坏，排查后若无接触不良或损坏，查看蓄电池输出电压是否正常，是否存在"欠压"，如果蓄电池电压正常，则可判定为 AC/DC 模块故障。

第6章 配网自动化应用展望

6.1 配网可靠性提升技术展望

6.1.1 配网的快速可靠自愈

根据国内专家学者的研究,配网的自愈可定义为:在不需要或仅需少量人为干预的情况下,实现对配网网络故障的响应、处理和快速恢复,最小化或避免用户的供电中断。

而当前配网自愈主要通过主站式(集中型)或就地式(就地型)来实现,包括:通过接收配网终端的故障信息由主站遥控故障隔离及非故障区域转供电;通过配网终端的就地式馈线自动化时序配合完成故障隔离和自愈。就主站式自愈方法而言,其特点是能够实现较复杂的自动化逻辑,对线路与变电站间的级差配合要求较低,但其对于通信质量、终端上送数据质量和主站稳定性等要求很高。而就地式自愈方法可较快地实现故障的隔离,但需要通过每台开关根据如电压时间型等预置的时序依次动作,动作次数和时间与主站式都相对较多。就地式速断/过流保护逻辑如图 6.1 所示。

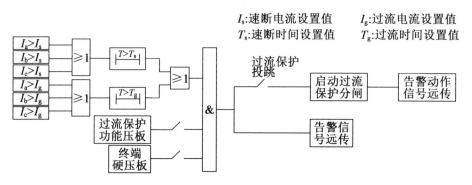

图 6.1 就地式速断/过流保护逻辑

因此如何在原有主站式和就地式自愈方式的基础上,利用包括 5G、北斗等通信技术提升设备间或与主站的信息交互能力,并优化就地式馈线自动化的控制策略,抑或是将主站式与就地式两者进行有机结合,深化各自优势,实现可靠的"秒"级甚至"毫秒"级配网自愈,并且兼具经济性,将是未来研究的重要课题与方向。

6.1.2　故障研判与隔离技术

相较于相间短路故障,当前对单相接地故障的快速处置仍是业内聚焦的重点课题。由于小电流接地故障查找困难,且带故障运行易造成山林火灾或人身触电事故的严重后果,因此业内对单相接地故障的研判方法一直在不断研究与改进,以高精度、高密度的采集传感器为基础,研究多种暂态和稳态判据,结合暂态零序电流、暂态零序功率方向等研判方法,以达到对接地故障的精准研判与隔离,进而为提高供电可靠性提供有效的技术支撑。单相接地故障综合研判模型如图 6.2 所示。

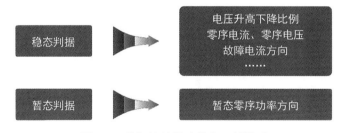

图 6.2　单相接地故障综合研判模型

此外,在分布式电源接入的配网中,线路发生故障时可能产生双向故障潮流,传统的保护功能无法适用。除了采用可通过潮流方向改变保护方向的方式外,也可利用差动保护来解决这个问题,通过光纤、5G 等介质实时传输电气量与开关量,并融合过流保护、零序过流保护、重合闸、小电流接地保护等多种保护功能,在分布式电源接入的配网中,实现故障快速准确定位隔离。

6.1.3　安全的多通信技术

随着"北斗三号"全球卫星导航系统的开通,以及 5G 通信技术的应用并已民用化,多种可靠高效的通信技术已进入大家的眼帘。发挥包括北斗、5G 等通信技术各自的特点,与一、二次融合智能配网开关实现高度融合,从模块化向集成化逐步发展,实现高效、可靠的有机结合。

此外,现场设备的无缝升级也十分重要,在不改动原有开关本体的基础上,通过对二次部分进行升级,即可实现5G、北斗通信,也为配网整体通信结构和自动化方式的完善提供一条更为便捷的途径。

　　5G通信适用于未覆盖光纤,但对通信延时和带宽要求较高的配网线路,可实现终端之间或终端与主站间的快速配合,并可利用5G硬切片技术安全性高的特点实现基于5G通信的遥控功能,这将明显降低运维工作量。5G通信架构如图6.3所示。

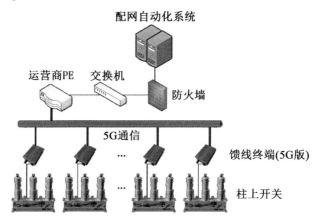

图6.3　5G通信架构

　　北斗通信适用于运营商无线信号覆盖不佳的配网线路,可通过北斗卫星通信实现遥控和召测等功能,具有北斗通信覆盖范围大、安全性高的特点。北斗通信架构如图6.4所示。

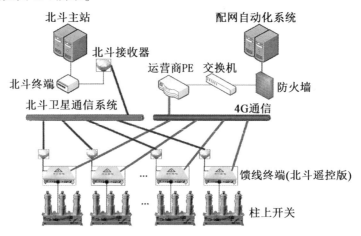

图6.4　北斗通信架构

6.2　配网设备性能提升技术展望

6.2.1　深度融合技术

一、二次融合智能配网开关经历了早期的将柱上开关和控制终端的预先成套化,到采用交流传感器代替传统互感器的一、二次设备初步融合,再到如今已将电压/电流传感器封装在极柱内或箱体内实现一、二次设备深度融合。深度融合技术在不断发展,在保证绝缘能力可靠的条件下,不断提高整体的集成度,做到小型化、模块化,甚至将取能也集成在开关本体内,实现集测量、保护、取能于一体。

深度融合设计的固封极柱,采用电容取电模块取代传统的外置电磁式 PT,解决了铁磁谐振和雷击损坏等安全问题;通过高精度、高频度的电压/电流传感器的应用。一方面解决了 CT 开路 PT 短路等安全风险,也实现了现场的带电维护;另一方面也为解决现场单相接地故障的研判效果提升提供了有效保障。极柱在深度融合后,本体的局部放电水平能够控制在标准以内,明显降低了运行期间发生绝缘击穿的可能性,保证整机的长期可靠运行。深度融合设计的固封极柱如图 6.5 所示。

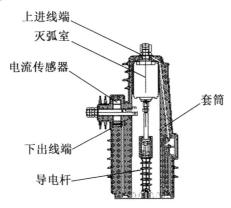

上进线端

灭弧室

电流传感器

套筒

下出线端

导电杆

图 6.5　深度融合设计的固封极柱

6.2.2　相间故障快速切除技术

随着配网自动化覆盖率显著提升,不依赖于主站和通信的分级保护在相间短路故障的隔离上取得了明显效果,但受限于操作机构的型号和工艺不同,成套设备的相间故障切除整组动作时间参差不齐,如何实现稳定快速切除相间故障的配网开关,是当前重要的研究方向。包括对不同类型操作机构的高速分合闸特性研究,通过有效手段降低触头分/合闸弹跳以及操作机构动作时间,从而实现在快速动作的同时保证机械寿命。相间故障快速切除技术的研究,在增加分级保护的分级数量的同时,有效降低故障对系统的冲击,减少配网电压波动,提高系统稳定性,增加系统的电能输送能力。快速分闸操作机构如图 6.6 所示。

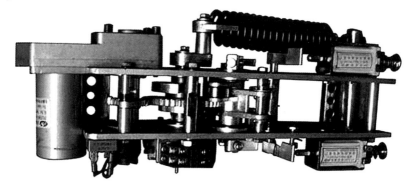

图 6.6 快速分闸操作机构

6.2.3 配网一、二次融合设备试验技术

随着一、二次融合设备应用占比的逐步增加,其功能和性能优势是明显的,但随着基数的增加,对其性能和质量的要求也越来越高。因此为了实现一次部分和二次部分深度融合后的成套设备验证,试验单位和厂家研究提出了试验技术相关团体标准,而电网公司也对一、二次融合设备的标准化设计提出了要求。

但是如何将一、二次部分分体试验技术转变为一体化功能性能检测技术,这给各检验单位在实际检验过程中带来了诸多问题,一次和二次部分的绝缘特性和电磁兼容性方面的要求大相径庭,采样精度和频率也有部分区别,而成套设备在保护功能、FA 策略等方面的验证方法也在不断研究与完善,需综合考虑现场运行条件以及产品实现的可行性。配网一、二次融合设备试验现场如图 6.7 所示。

图 6.7　配网一、二次融合设备试验现场

参 考 文 献

[1]　刘健,倪建立,邓永辉.配电自动化系统[M].北京:中国水利水电出版社,1999.

[2]　陈堂,赵祖康,陈星莺,等.配电系统及其自动化技术[M].北京:中国电力出版社,2003.

[3]　刘健,沈兵兵,赵江河,等.现代配电自动化系统[M].北京:中国水利水电出版社,2013.

[4]　吴林雄.配电自动化技术发展及应用现状[J].电气应用,2020,39(10):95-98.

[5]　丛琳.沈阳供电公司配电自动化系统建设与应用[D].长春:吉林大学,2019.

[6]　万晔.淮安地区配电自动化改造与实施[D].南京:东南大学,2019.

[7]　田欣.配电自动化在济南电网中的应用[D].济南:山东大学,2018.

[8]　车晓涛.配电网故障定位技术[M]。北京:中国电力出版社,2007.

[9]　陈奕铭.配电自动化终端常见故障及运维优化[J].农村电气化,2022(3):47-49.

[10]　周安春,张薛鸿,吕军,等.配电自动化运维技术[M].北京:中国电力出版社,2018.

[11]　沈兵兵,吴琳,王鹏.配电自动化试点工程技术特点及应用成效分析[J].电力系统自动化,2012,36(18):27-32.

[12]　苑舜,王承玉,海涛,等.配电网自动化开关设备[M].北京:中国电力出版社,2007.